"十四五"职业教育国家规划教材

工业机器人虚拟仿真与实操

主　编　杨玉杰

副主编　姚建国　贾亦真　袁海亮
　　　　葛根波　战忠秋

参　编　余　浪　辛　颖　韩志斌

北京理工大学出版社
BEIJING INSTITUTE OF TECHNOLOGY PRESS

内容简介

本书以 ABB 工业机器人离线编程仿真软件 RobotStudio 和真实 ABB IRB120 工业机器人为对象，结合工业机器人操作员与运维员两个岗位的通用能力，对照工业机器人应用编程职业技能等级标准，介绍离线编程仿真技术在工业机器人项目中的应用和实际现场编程调试的方法。全书以工业机器人焊接工作站、绘图工作站、搬运工作站等典型工作站为案例，使学生了解工业机器人离线编程和在线编程的方法，一方面掌握利用相关模型搭建工作站进行离线编程；另一方面，使用现场机器人进行在线编程调试。本书的主要内容包括 RobotStudio 编程软件的基本操作、焊接工作站的仿真与实操、绘图工作站的仿真与实操、搬运工作站的仿真与实操。

本书内容选择合理，结构清楚，面向应用，适合作为职业院校工业机器人技术应用、机电设备安装与维修、机电技术应用、电气运行与控制、电气技术应用、电子与信息技术、数控技术应用等专业的教学用书，也可作为工程人员的培训教材。

版权专有　侵权必究

图书在版编目(CIP)数据

工业机器人虚拟仿真与实操/杨玉杰主编. -- 北京：北京理工大学出版社，2021.11（2024.1重印）
ISBN 978 - 7 - 5763 - 0628 - 6

Ⅰ.①工… Ⅱ.①杨… Ⅲ.①工业机器人 - 计算机仿真 - 职业教育 - 教材 Ⅳ.①TP242.2

中国版本图书馆 CIP 数据核字（2021）第 222378 号

责任编辑：陆世立	文案编辑：陆世立
责任校对：周瑞红	责任印制：边心超

出版发行 / 北京理工大学出版社有限责任公司
社　　址 / 北京市丰台区四合庄路 6 号
邮　　编 / 100070
电　　话 /（010）68914026（教材售后服务热线）
　　　　　　（010）68944437（课件资源服务热线）
网　　址 / http://www.bitpress.com.cn
版 印 次 / 2024 年 1 月第 1 版第 3 次印刷
印　　刷 / 定州市新华印刷有限公司
开　　本 / 889 mm × 1194 mm　1/16
印　　张 / 12.5
字　　数 / 251 千字
定　　价 / 44.50 元

图书出现印装质量问题，请拨打售后服务热线，负责调换

前言 Preface

党的二十大报告明确指出："建设现代化产业体系。坚持把发展经济的着力点放在实体经济上，推进新型工业化，加快建设制造强国、质量强国、航天强国、交通强国、网络强国、数字中国。实施产业基础再造工程和重大技术装备攻关工程，支持专精特新企业发展，推动制造业高端化、智能化、绿色化发展。"工业机器人在现代化产业体系中有着极其重要的作用，近些年，工业机器人产业发展动力十足，应用领域越来越广泛。2021年，工业机器人产量达到36.6万台，同比增长67.9%。工业机器人使用密度不断提升，2020年达到246台/万人，是全球平均水平的近2倍，应用领域覆盖国民经济52个行业大类、143个行业中类。以工业机器人为核心的智能制造已成为制造业数字化转型的主要路径。随着工业产业结构调整的不断深化，直接从事制造业的劳动力人数将大幅减少，而部分溢出的剩余劳动力则希望在机器换人之后能成为"控制机器的人"或者成为机器维护员。这种大量的人才缺口，在给职业院校毕业生带来了更多就业的机会的同时，也给职业院校的人才培养提出了更多的要求。目前我国制造业人才培养规模位居世界前列，但是尚不能支撑"制造强国、质量强国"的需求。

本书以《中华人民共和国职业分类大典》新增"工业机器人系统操作员""工业机器人系统运维员"两个职业的通用能力为基础，结合教育部工业机器人应用编程职业技能等级标准的初级、中级等级标准，选用了职业院校使用较为广泛的ABB工业机器人离线编程软件RobotStudio，按照离线编程和现场实际编程调试虚实结合的方式展开项目式教学。通过工业机器人仿真软件RobotStudio基础认知掌握搭建基础工作站，以及建立基础工件坐标、工具坐标的方法；通过焊接工作站仿真与实操，掌握搭建程序框架、离线和在线调试程序，以及程序速度设置方法；通过绘图工作站仿真与实操着重了解如何通过自动生成轨迹完成较为复杂图形的绘制，以及工件坐标的灵活应用；通过搬运工作站，掌握Smart组件的编辑，以及其与工作站的逻辑设计、调试；通过 RobotStudio 在线应用，掌握在线程序调试、文件传输及系统备份等功能。本书编写过程中考虑到职业院校学生的知识现状和学习特点，结合生产实际，通过工作页的任务驱动的方式，搭配了完整的仿真工作站、仿真视频及指导性 PPT，注重培养学生自主学习和解决实际问题的能力。

  本书内容选择合理，结构清楚，面向应用，适合作为职业院校工业机器人技术应用、机电设备安装与维修、机电技术应用、电气运行与控制、电气技术应用、电子与信息技术、数控技术应用等专业的教学用书，也可作为工程人员的培训教材。

  本书由天津市南洋工业学校杨玉杰任主编；由天津市南洋工业学校姚建国、肯拓（天津）工业自动化技术有限公司贾亦真、天津机电职业技术学院袁海亮、上海科技技术学校葛根波、天津职业技术师范大学战忠秋任副主编；东莞市电子商贸学校余浪、天津市南洋工业学校辛颖、天津市宝坻中等专业学校学校韩志斌参与编写。

  本书在编写过程中参考了大量的书籍、文献及手册资料，在此向各相关作者表示诚挚谢意。由于编者水平有限，书中难免有不恰当之处，敬请读者批评指正。

编 者

目录

项目一　ABB 工业机器人仿真软件基本操作　1

    任务一　创建工业机器人工作站　8

    任务二　搭建工业机器人基础工作站　11

    任务三　工具坐标系的建立　25

    任务四　工件坐标系的建立　32

    任务五　工业机器人数据的备份与恢复　36

项目二　焊接工作站仿真与实操　41

    任务一　五角星图形焊接轨迹仿真　45

    任务二　焊接工作站综合实操　58

项目三　绘图工作站仿真与实操　68

    任务一　多边形图形绘图仿真　72

    任务二　绘图工作站综合仿真　88

    任务三　工件坐标的应用　99

项目四　搬运工作站仿真与实操　108

    任务一　正方形物料搬运工作站仿真　112

    任务二　搬运工作站综合仿真与实操　134

项目五　RobotStudio 在线应用 145

任务一　RobotStudio 与控制器的连接 148
任务二　在线修改 RAPID 程序及文件传送 150

参考文献 154

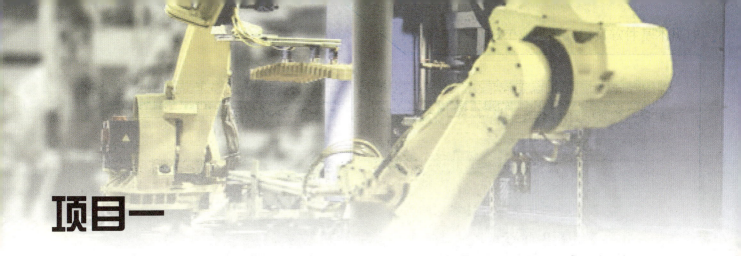

项目一
ABB工业机器人仿真软件基本操作

在人工智能、机器学习、语音识别、图像处理等关键技术取得重要理论研究的基础之上，工业机器人领域也跨上了一个新的台阶，并朝着智能化、复杂化的方向持续发展。随着人类在工业机器人研究领域的逐步深入，其编程方式也发生了革命性的变化。除了传统的在线示教编程方式，近年来，离线编程在工业实际生产中的重要性日益凸显，此处离线编程就是本书中重点介绍的系统仿真技术的核心内容。

本项目为 RobotStudio 工业机器人虚拟仿真技术学习的入门内容，通过介绍 ABB 公司工业机器人软件 RobotStudio 软件的基本操作，完成 ABB 工业机器人工作站创建，以及基础工作站的搭建，并在此基础之上能够使用虚拟示教器进行工业机器人的手动操作，进行工具坐标系、工件坐标系、工业机器人备份与恢复等虚拟仿真操作，本项目整体结构如图 1-0-1 所示。

项目一 ABB工业机器人仿真软件基本操作
- 任务一 创建工业机器人工作站
  - 1.1.1 创建空工作站解决方案
  - 1.1.2 创建工作站与机器人控制器解决方案
  - 1.1.3 创建空工作站
- 任务二 搭建工业机器人基础工作站
  - 1.2.1 搭建基础模型
  - 1.2.2 布局基础工作站
  - 1.2.3 Freehand的创建运行轨迹
- 任务三 工具坐标系的建立
  - 1.3.1 六点法建立工具坐标系
- 任务四 工件坐标系的建立
  - 1.4.1 三点法建立工件坐标系
- 任务五 工业机器人数据的备份与恢复
  - 1.5.1 通过RobotStudio软件进行数据备份与恢复
  - 1.5.2 通过示教器软件进行数据备份与恢复

图 1-0-1 ABB 工业机器人仿真软件基本操作

学习目标

1. 能够了解工业机器人仿真技术的定义。
2. 能够掌握 RobotStudio 与 RobotWare 之间的区别。
3. 能够掌握创建空工作站方案的方法。
4. 能够掌握 RobotStudio 软件搭建基础工作站的方法。
5. 培养分类总结能力，能够主动找出不同仿真软件之间的区别。

知识准备

ABB 工业机器人仿真软件基本操作是工业机器人仿真学习的入门部分，需要初学者首先对基础知识进行储备，本项目知识准备框架如图 1-0-2 所示。

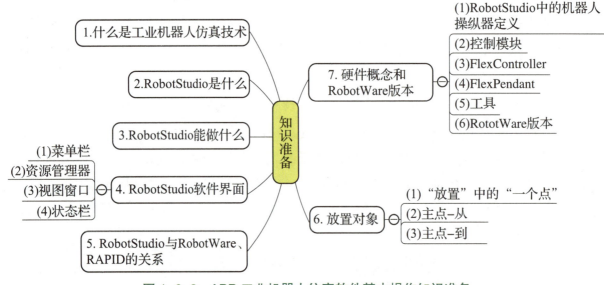

图 1-0-2　ABB 工业机器人仿真软件基本操作知识准备

1. 什么是工业机器人仿真技术

工业机器人仿真技术是指通过计算机对实际的机器人系统进行模拟的技术，利用计算机图形学技术，建立起机器人及其工作环境的模型，利用机器人语言及相关算法，通过对图形的控制和操作在离线的情况下进行轨迹规划，因此，离线编程是工业机器人仿真技术的核心内容，如图 1-0-3 所示。

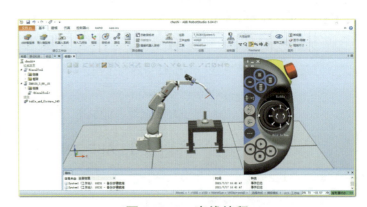

图 1-0-3　离线编程

2. RobotStudio 是什么

RobotStudio 是一款 PC 应用程序，用于机器人单元的建模、离线创建和仿真。

RobotStudio 允许使用离线控制器，即在 PC 上本地运行的虚拟 IRC5 控制器。这种离线控制器也被称为虚拟控制器（VC）。RobotStudio 还允许使用真实的物理 IRC5 控制器（简称为"真实控制器"）。

当 RobotStudio 随真实控制器一起使用时，称为在线模式。当在未连接到真实控制器或在连接到虚拟控制器的情况下使用时，为离线模式。

3. RobotStudio 能做什么

RobotStudio 是目前市场上较为常用的工业机器人仿真软件，RobotStudio 软件是 ABB 公司开发的一款针对 ABB 工业机器人的离线编程软件。利用 RobotStudio 提供的各种工具，可在不影响生产的前提下执行培训、编程和优化等任务，不仅能提升机器人系统的盈利能力，还能降低生产风险、加快投产进度、缩短换线时间、提高生产效率，从而有效地降低了用户购买和实施机器人解决方案的总成本。其具体功能有 CAD 导入、自动路径生成、自动分析伸展能力、碰撞检测、在线作业、模拟仿真、应用功能包、二次开发。

4. RobotStudio 软件界面

RobotStudio 打开以后的软件界面如图 1-0-4 所示。

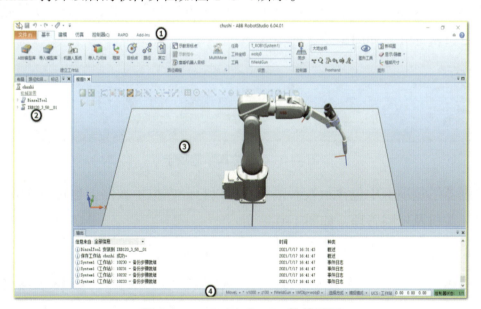

图 1-0-4　RobotStudio 软件界面

如图 1-0-4 所示，RobotStudio 的操作界面可以分为四个区域，分别是：①菜单栏；②资源管理器；③视图窗口；④状态栏。

（1）菜单栏

菜单栏共有"文件""基本""建模""仿真""控制器""RAPID"和"Add-Ins"七个菜单选项卡，其中"基本"选项卡包含常用的基本功能，包括添加 ABB 机器人、导入已有模型或用户自定义模型、建立机器人控制系统、路径编程及手动移动机器人等，如图1-0-5所示。

图1-0-5 菜单栏

1)"文件"选项卡会打开RobotStudio后台视图，其中显示当前活动的工作站的信息和元数据、列出最近打开的工作站并提供一系列用户选项（创建新工作站、连接到控制器、将工作站保存为查看器等）。

2)"建模"选项卡包含简单的建模功能，可以实现对CAD模型的简单操作或在RobotStudio软件中建立简单的3D模型，如图1-0-6所示。

图1-0-6 "建模"选项卡

3)"仿真"选项卡用于设置RobotStudio软件的仿真条件，控制仿真程序的启停，以及对仿真过程进行录像等，如图1-0-7所示。

图1-0-7 "仿真"选项卡

4)"控制器"选项卡中包含示教器菜单，可以打开虚拟示教器，也可以实现机器人控制系统的重启、关机及权限管理，如图1-0-8所示。

图1-0-8 "控制器"选项卡

5)RAPID程序是ABB的编程语言，在"RAPID"选项卡中可以对ABB程序进行设置和修改，实现机器人程序的仿真、同步、调试等，如图1-0-9所示。

项目一 ABB工业机器人仿真软件基本操作

图 1-0-9 "RAPID"程序

6) Add-Ins 是 RobotStudio 的可选插件。

（2）资源管理器

资源管理器是当前项目的导航窗口，在窗口中可以看到当前系统已经添加的设备或模型，如图 1-0-10 所示。

从图 1-0-10 中可以看到，资源管理所显示的项目中包含 IRB120 机器人、BinzelTool 工具和 chushi 工作站名称。通过在资源管理器中任意部件上双击，即可在视图中定位并居中显示。

（3）视图窗口

视图窗口是用于显示机器人及其应用系统 3D 模型的观察窗口，可以显示机器人、系统模型的位置、组成，以及机器人的运动过程，通过改变观察视角可以实现对模型的多角度观察，更加具有真实性，如图 1-0-11 所示。

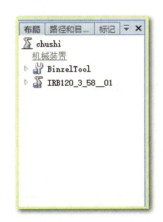 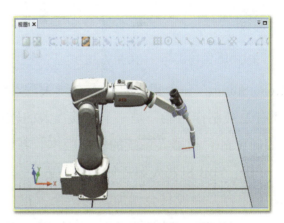

图 1-0-10 RobotStudio 资源管理器　　　图 1-0-11 RobotStudio 视图窗口

※ 按住 Ctrl 可以实现移动视角，按住 Ctrl+Shift 组合键可以进行视角的旋转，其视图窗口中显示的模型如图 1-0-11 所示。

（4）状态栏

状态栏用以显示当前的运行状态，包括当前的选择模式、捕捉模式、机器人控制系统运行状态和当前鼠标捕捉点的空间坐标等。除此之外，在路径编程时常用的指令"快速选择菜单"，可以实现快速地编程和程序修改，如图 1-0-12 所示。

图 1-0-12 RobotStudio 状态栏窗口

在状态栏窗口中，①表示电机状态及该工作站名称，此处工作站名称为 chushi，电机状态为电机下电，即 OFF 状态，可以在此处观察控制器的操作模式。

②表示当前指令，此处为 MoveL v1000，z100，tool0\WObj:=wobj0。

③表示选择方式及 UCS，此处为捕捉模式。

④表示控制器数量及状态，此处表示 1 个控制器在运行，绿色代表当前处于自动模式，单击控制器状态处，可以看到控制器详细信息如图 1-0-13（a）所示。通过示教器可以改变当前控制器状态，将其更改为手动模式，对应的控制器状态如图 1-0-13（b）所示，当前黄色即为手动模式。

图 1-0-13　控制器状态
（a）自动模式；（b）手动模式

5. RobotStudio 与 RobotWare、RAPID 的关系

RobotStudio：一个集成机器人在线编程和离线仿真的软件，同时兼具了代码备份，参数配置还有系统制作功能，是一个比较强大的软件。

RobotWare：机器人系统的软件版本。系统版本每隔一段时间会有小的升级。

RAPID：ABB 机器人编程使用的官方语言。不同的 RobotWare 中 RAPID 会有新的指令加入，向下兼容，一般只会增加新的指令，很少减少指令。如果电脑安装了不同的 RobotWare 版本，RobotStudio 一般能够识别，在生成虚拟机器人系统的时候可选择不同的 RobotWare 版本，如图 1-0-14 所示。

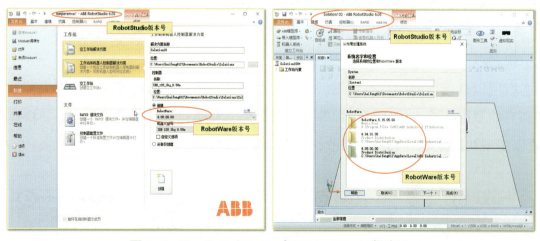

图 1-0-14　RobotStudio 与 RobotWare 版本号

RobotWare 是功能强大的控制器套装软件，用于控制机器人和外围设备。在 RobotStudio 5.15 及之前的版本中，RobotWare 是独立的一部分，在安装好 RobotWare 后，再安装 RobotStudio。不过在 RobotStudio 6.02 版本之后 RobotWare 集成在 RobotStudio 之中，在安装时无须单独安装 RobotWare，只需要按照指示步骤直接安装即可。

使用 RobotStudio 软件，用户可以安装、配置及编程控制全系列 ABB 机器人。RobotStudio 可以使用虚拟机器人脱机与在线（连接到真实机器人）两种方式进行工作。

RobotStudio 用于 ABB 机器人单元的建模、离线创建和仿真。安装完毕后，需要授权许可证激活。

6. 放置对象

（1）"放置"中的"一个点"

从一个位置到另一个位置而不改变对象的方位，选择受影响的轴。

（2）主点 – 从

单击这些方框之一，然后单击图形窗口中的主点，将值传送到"主点 – 从"框。

（3）主点 – 到

单击这些方框之一，然后单击图形窗口中的主点，将值传送到"主点 – 到"框。

7. 硬件概念和 RobotWare 版本

（1）RobotStudio 中的机器人操纵器定义

RobotStudio 中的机器人操纵器就是指 ABB 工业机器人。

（2）控制模块

控制模块包含控制操纵器动作的主要计算机，包括 RAPID 的执行和信号处理。一个控制模块可以连接至 1 到 4 个驱动模块。

（3）FlexController

IRC5 机器人的控制器机柜。它包含供系统中每个机器人操纵器使用的一个控制模块和一个驱动模块。

（4）FlexPendant

与控制模块相连的编程操纵台，在示教器上编程就是在线编程。

（5）工具

安装在机器人操纵器上，执行特定任务，如抓取、切削或焊接的设备。通常安装在机器人操纵器上。

（6）RobotWare 版本

每个 RobotWare 版本都有一个主版本号和一个次版本号，两个版本号之间使用一个点进行分隔。支持 IRC5 的 RobotWare 版本是 5.xx，其中 xx 表示次版本号。每当 ABB 发布新型号机器人时，会发布新的 RobotWare 版本为新机器人提供支持。

任务一　创建工业机器人工作站

任务描述

创建工业机器人工作站有三种方法，分别是创建空工作站解决方案、创建工作站和机器人控制器解决方案、创建空工作站，根据不同情况选择创建工作站的方法，其间务必清楚 RobotWare 与 RobotStudio 的关系。

任务实施

1.1.1　创建空工作站解决方案

新建一个工业机器人工作站一共有三种方法如图 1-1-1 所示，具体方法分别如下。

1. 单击"文件"选项卡，RobotStudio 后台视图将会显示，单击"新建"。在工作站视图下，单击"空工作站解决方案"，如图 1-1-2 所示。

2. 在"解决方案名称"框输入解决方案的名称，然后在"位置"框浏览并选择目标文件夹。默认解决方案路径为"C:\Users\<username>\Documents\RobotStudio\Solutions"，此处 username 为 haifeng612。

图 1-1-1　新建工业机器人工作站

3. 输入解决方案名称，此处写成"jichu"，该名称也将被用作所含工作站的名称，单击"Create（创建）"。

4. 新解决方案将使用指定名称创建。RobotStudio 默认会保存此解决方案，完成后的名为 jichu 空工作站解决方案，如图 1-1-3 所示。

图 1-1-2　空工作站解决方案

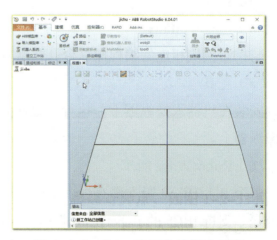

图 1-1-3　jichu 空工作站解决方案

1.1.2 创建工作站和机器人控制器解决方案

1. 在工作站视图下，单击"工作站和机器人控制器解决方案"，如图1-1-4所示。

2. 在解决方案名称框输入解决方案的名称，然后在位置框浏览并选择目标文件夹。默认解决方案路径为 C:\Users\<username>\Documents\RobotStudio\Solutions。如果不指定解决方案的名称，RobotStudio 默认会分配名称 Solution1，此处在默认路径 Solutions 后添加 jichu，并将默认名称改为 jichu。

3. 在控制器组下，名称框输入控制器名称或从机器人型号列表选择机器人型号，此处为"IRB_120_3kg_0.58m"。

图 1-1-4 工作站和机器人控制器解决方案

4. 在没有指定解决方案名称时，虚拟控制器系统的默认位置是 C:\Users\<username>\Documents\RobotStudio\Solutions\Solution1\Systems，在此处的 username 为 haifeng612。

5. 在 RobotWare 列表，选择要求的 Robotware 版本或单击位置以设置发行包、位置及媒体库位置，此处选择"6.04.01.00"。

6. 工作站和机器人控制器解决方案可以从模板或备份创建。

（1）要从模板创建，选择"新建"，然后从机器人型号列表选择所需的机器人型号以创建控制器，此处选择"IRB_120_3kg_0.58m"，如图1-1-4所示。

（2）要从备份创建，请选择"从备份创建"然后浏览并选择所需的备份文件。另外，也请选中"从备份中恢复"复选框来将备份恢复到新控制器上。

7. 选择选项并单击"创建"，完成后的工作站如图1-1-5所示。

图 1-1-5 jichu 工作站和机器人控制器解决方案

1.1.3 创建空工作站

1. 在后台视图的工作站下，单击"空工作站"，如图 1-1-6 所示。
2. 单击"Create（创建）"，完成后的空工作站如图 1-1-7 所示。

图 1-1-6 创建空工作站

图 1-1-7 完成后的空工作站

知识拓展

1.1.4 常见工业机器人仿真软件

（1）Robotmaster

Robotmaster 来自加拿大，支持市场上绝大多数机器人品牌，Robotmaster 在 MasterCAM 中无缝集成了机器人编程、仿真和代码生成功能，提高了机器人编程速度。

（2）RobotArt

RobotArt 是目前国内品牌离线编程软件中最顶尖的软件。广泛应用于打磨、去毛刺、焊接、激光切割、数控加工等领域。RobotArt 教育版针对教学实际情况，增加了模拟示教器、自由装配等功能。

（3）RobotWorks

RobotWorks 是来自以色列的机器人离线编程仿真软件，与 Robotmaster 类似，是基于 SolidWorks 做的二次开发。在使用时，需要先购买 SolidWorks。

（4）ROBCAD

ROBCAD 是西门子旗下的软件，软件较庞大，重点在生产线仿真。软件支持离线点焊、支持多台机器人仿真、支持非机器人运动机构仿真，精确的节拍仿真，ROBCAD 主要应用于产品生命周期中的概念设计和结构设计两个前期阶段。

（5）DELMIA

汽车行业用的大都是 DELMIA，DELMIA 是达索旗下的 CAM 软件，大名鼎鼎的 CATIA

也是达索旗下的 CAD 软件。

（6）RobotStudio

RobotStudio 是瑞士 ABB 公司配套的软件，是机器人本体商中软件做得最好的一款。RobotStudio 支持机器人的整个生命周期，使用图形化编程、编辑和调试机器人系统来创建机器人的运行，并模拟优化现有的机器人程序。

（7）Robomove

Robomove 来自意大利，同样支持市面上大多数品牌的机器人，机器人加工轨迹由外部 CAM 导入。

（8）其他

安川的 Motosim，Kuka 的 Simpro，发那科的 Robguide，以及在陆续开发中的其他国产软件。

1.1.5 RobotStudio 解决方案

RobotStudio 将解决方案定义为文件夹的总称，其中包含工作站、库和所有相关元素的结构。在创建文件夹结构和工作站前，必须先定义解决方案的名称和位置。解决方案文件夹包含文件夹和文件，如表 1-1-1 所示。

表 1-1-1 解决方案名词解释

序号	名称	含义
1	工作站	作为解决方案一部分而创建的工作站
2	系统	作为解决方案一部分而创建的虚拟控制器
3	库	在工作站中使用的用户定义库
4	解决方案文件	打开此文件会打开解决方案

任务二　搭建工业机器人基础工作站

任务描述

工业机器人基础工作站包括两个主要部分，一部分是工业机器人本体本身，另外一部分可称为其他设备，在这个任务中将使用"模型"选项卡进行基础模型的搭建、安装，然后通过将本体及已经搭建的模型进行布局，完成基础工作站的搭建。

工业机器人虚拟仿真与实操

任务实施

1.2.1 搭建基础模型

1. 在"文件"选项卡新建名为"jichu"空工作站解决方案,如图 1-2-1 所示。

2. 单击"建模"选项卡,再单击"固体"下拉菜单,选择"矩形体",如图 1-2-2 所示。

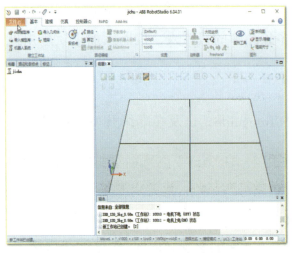

图 1-2-1 jichu 空工作站解决方案

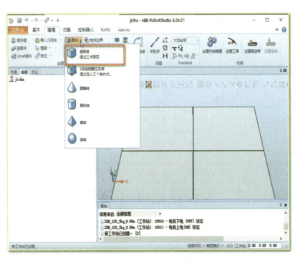

图 1-2-2 "矩形体"选项

3. "创建方体"窗口中的"角点,X=300""长度 =200""宽度 =200""高度 =200",其余均为"0",如图 1-2-3 所示,单击"创建",创建正方体模型如图 1-2-4 所示。

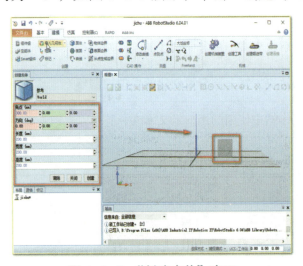

图 1-2-3 "创建方体"窗口

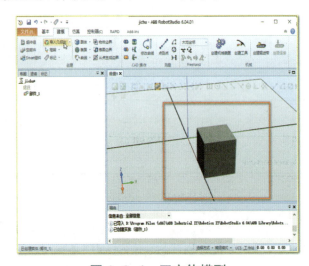

图 1-2-4 正方体模型

4. 右键单击正方体模型,在"修改"下拉菜单中选择"设定颜色",如图 1-2-5 所示,在"设定颜色"中选择绿色,单击"确定",将正方体设定为绿色,如图 1-2-6 所示。

5. 单击"建模"选项卡,再单击"固体"下拉菜单,选择"圆柱体",如图 1-2-7 所示。

6. "创建圆柱体"窗口中的"角点,X=400""半径 =100""高度 =200",此处直径会自动生成为 200,其余均为"0",单击"创建",创建圆柱体模型如图 1-2-8 所示。

项目一　ABB工业机器人仿真软件基本操作

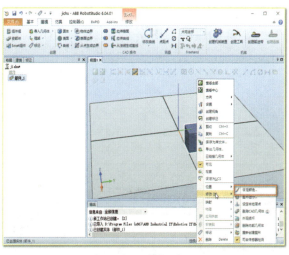

图 1-2-5　"设定颜色"下拉菜单

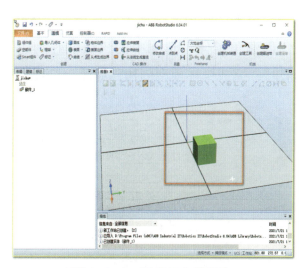

图 1-2-6　设定正方体颜色

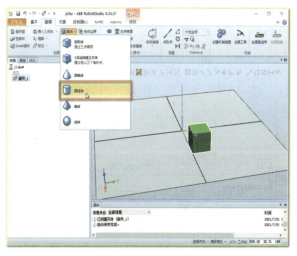

图 1-2-7　"圆柱体"选项

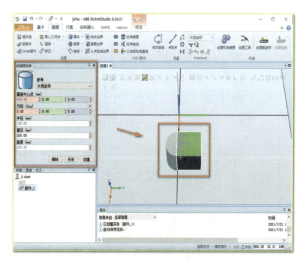

图 1-2-8　圆柱体模型

7. 右键单击圆柱体模型，在"修改"下拉菜单中选择"设定颜色"，如图 1-2-9 所示，在"设定颜色"中选择绿色，单击"确定"，将圆柱体设定为绿色，如图 1-2-10 所示。

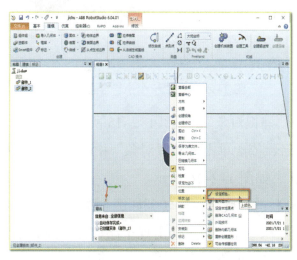

图 1-2-9　"设定颜色"下拉菜单

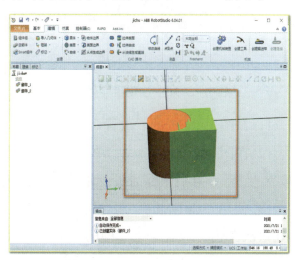

图 1-2-10　设定圆柱体颜色

13

8. 单击"建模"选项卡，再单击"固体"下拉菜单，选择"锥体"，如图 1-2-11 所示，在"创建角锥体"选项中的"从中心到边 =100""高度 =100"，其余均默认为"0"，单击"创建"，完成锥体模型创建，如图 1-2-12 所示。

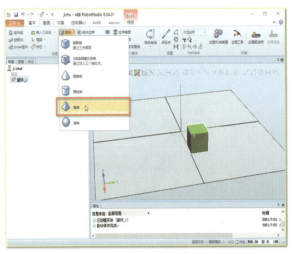

图 1-2-11 "锥体"选项

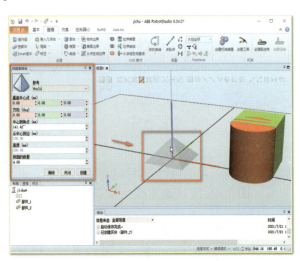

图 1-2-12 锥体模型

9. 按照步骤 7，将锥体颜色设定为黄色，如图 1-2-13 所示。

10. 将已经建模完成的锥体安装到绿色正方体正上方，右键单击锥体模型，依次单击"位置""放置""一个点"，如图 1-2-14 所示。

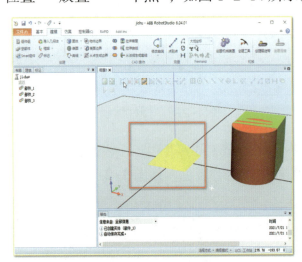

图 1-2-13 设定锥体颜色

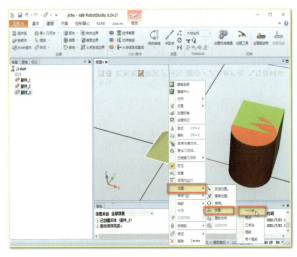

图 1-2-14 "一个点"下拉菜单

11. 在图 1-2-15 的"放置对象"窗口，单击"捕捉对象"，如图 1-2-15 所示。

12. 在图 1-2-15 窗口中，单击"捕捉对象"后，依次单击"放置对象"中的"主点–从"的"X 坐标"，然后鼠标箭头会显示十字取点形状，如图 1-2-16 所示。

13. 使用"Ctrl+Shift"组合键，单击窗口中模型进行旋转，旋转到如图 1-2-17 所示，在此处再次单击"放置对象"中的"主点–从"的"X 坐标"，又会出现十字取点形状，然后将十字取点放在锥体正下方，可看到圆球，即表示可以取点，如图 1-2-18 所示。

项目一 ABB工业机器人仿真软件基本操作

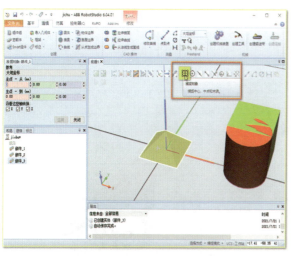

图 1-2-15 "捕捉对象"

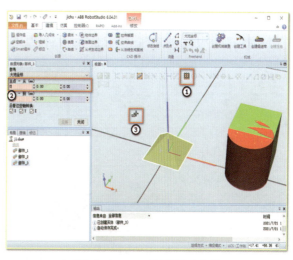

图 1-2-16 "放置对象"

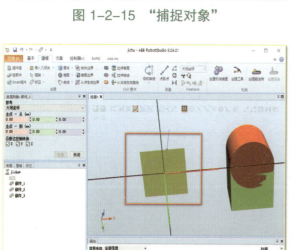

图 1-2-17 "主点-从"的"X坐标"

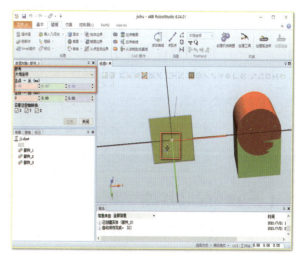

图 1-2-18 锥体取点

14. 使用"Ctrl+Shift"组合键，单击窗口中模型进行旋转，旋转到如图1-2-19所示，单击"放置对象"中的"主点-到"的"X坐标"，鼠标箭头会显示十字取点形状，然后将十字取点放在正方体上方，可看到圆球，即表示可以取点，如图1-2-20所示。

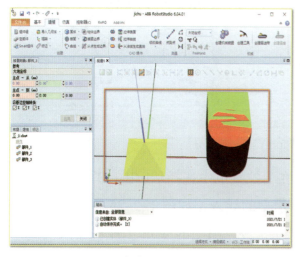

图 1-2-19 "主点-到"的"X坐标"

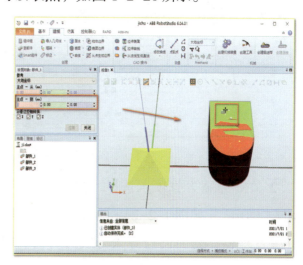

图 1-2-20 正方体取点

15

15. 在图1-2-20中取点成功后，会显示如图1-2-21所示。此时单击"放置对象"窗口的"应用"即可完成锥体安装在正方体正上方，如图1-2-22所示。

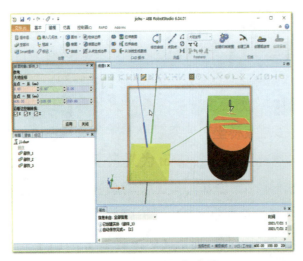

图1-2-21 取点成功

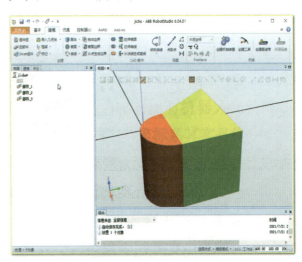

图1-2-22 锥体安装

※ **说明：** 此处把锥体安装到正方体正上方选择的"一个点"是因为二者的特殊性，如果是非规则图形或者中心点、初始原点不同的情况下需要根据情况进行选择"一个点""两个点""三个点""框架""两个框架"等方法。此处，同样可以使用"位置"下拉菜单中的"设定位置"进行模型的搭建，前提是要熟知二者的坐标位置，读者可以尝试。

1.2.2 布局基础工作站

1. 在"文件"下拉菜单中打开"jichu"工作站，如图1-2-23所示。

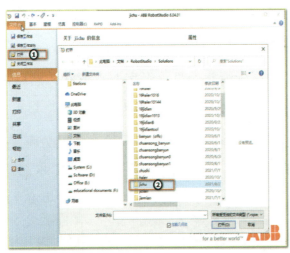
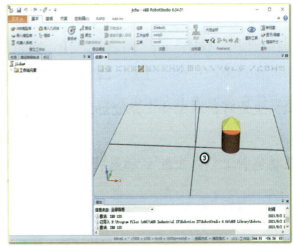

图1-2-23 打开"jichu"工作站

2. 在"基础"选项卡选择"ABB模型库"，在下拉菜单中选择"IRB 120"工业机器人，单击"确定"，如图1-2-24所示，完成IRB 120模型的导入，如图1-2-25所示，图中能在"资源管理器"看到已经导入完成的名为"IRB120_3_58__01"的ABB工业机器人模型，该工业机器人名称可以根据实际情况进行名称的修改。

项目一 ABB工业机器人仿真软件基本操作

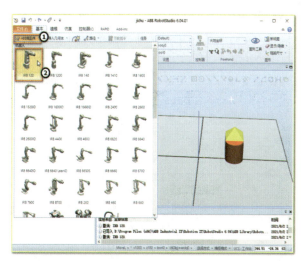
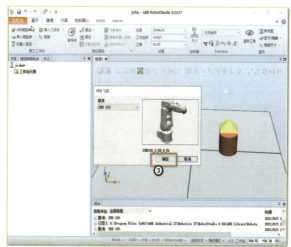

图 1-2-24 导入 IRB 120 工业机器人模型

3. 完成 IRB 120 模型导入后，继续安装本次基础工作站的工具，此次使用的工具为焊枪，先进行焊枪模型的导入，在"基础"选项卡，依次选择"导入模型库""用户库"，选择 RobotStudio 软件自带的焊枪模型"BinzelTool"，如图 1-2-26 所示。

4. 导入焊枪模型后，由于其默认初始位置与 IRB 120 工业机器人模型初始位置重叠，只能看到如图 1-2-27 所示阴影部分。

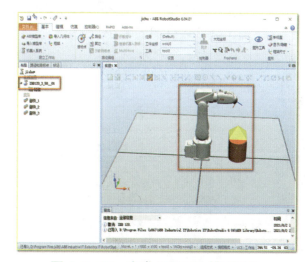

图 1-2-25 完成 IRB 120 模型导入

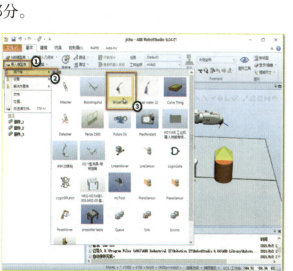

图 1-2-26 导入焊枪模型

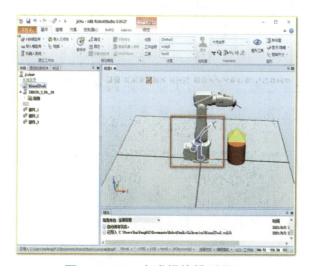

图 1-2-27 完成焊枪模型导入

5. 虚拟仿真中的工具的安装有两种方法，一种方法是在"资源管理器"处，右键单击工具"BinzelTool"，安装到"IRB120_3_58__01"，如图 1-2-28 所示。另一种方法更为简单，

17

直接左键拖拽"BinzelTool"到"IRB120_3_58__01",如图1-2-29所示。在图1-2-30中单击"是",进行工具位置的更新,完成如图1-2-31所示的工具的安装。

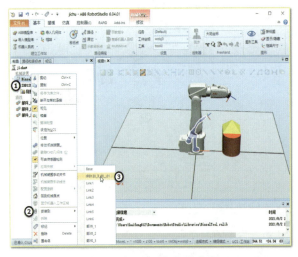

图1-2-28　工具安装方法一

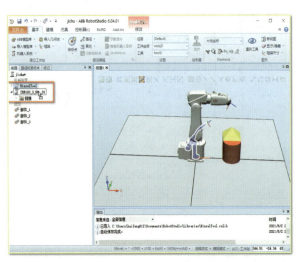

图1-2-29　工具安装方法二

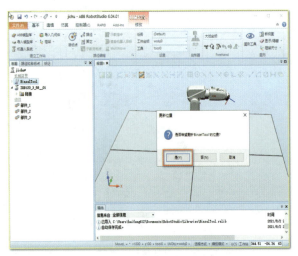

图1-2-30　更新工具位置

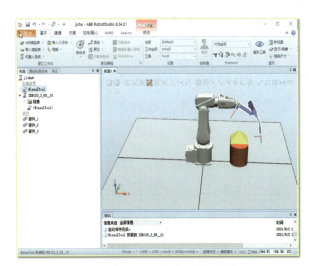

图1-2-31　完成工具安装

6.完成工业机器人和工具模型的搭建之后,需要对工业机器人系统进行安装,在"基本"选项卡依次单击"机器人系统""从布局",如图1-2-32所示。

7.在"从布局"创建系统中,将System名称更改为"jichu",并且选择RobotWare为"6.04.01.00",如图1-2-33所示,并单击"下一步",如图1-2-34所示。

图1-2-32　安装机器人系统

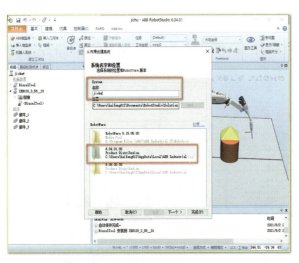
图 1-2-33 选择 RobotWare

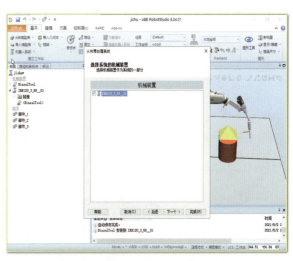
图 1-2-34 单击"下一个"

8. 在系统选项配置参数中，单击"选项"进行参数的配置，如"Default Language"进行默认语言的配置，可以选择英文、中文等语种，如图 1-2-35 所示，在此处将语言选择"Chinese"，然后单击"确定"，再单击"完成"，如图 1-2-36 所示，完成系统参数设置。

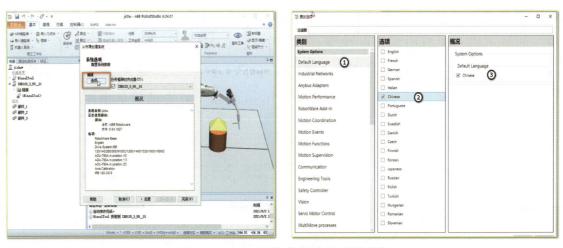
图 1-2-35 配置参数选择"语言"

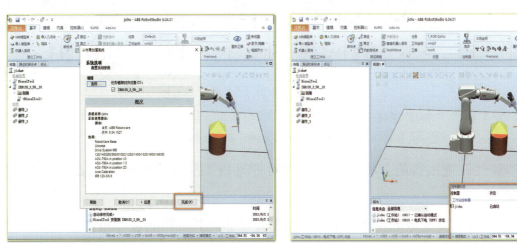
图 1-2-36 完成机器人系统参数配置

1.2.3　Freehand 的创建运行轨迹

1. 在"基础"选项卡下依次单击"路径""空路径",创建名为"Path_10"的路径,如图 1-2-37 所示。

 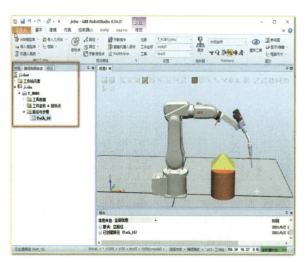

图 1-2-37　创建名为"Path_10"的路径

2. 由于此基础工作站所选择的工具"BinzelTool"为系统自带工具,其工具坐标系已经自带,此处不进行工具坐标系的建立,直接使用该工具自带工具坐标系,在工具处,将工具改为"tWeldGun",工件坐标默认使用"wobj0",如图 1-2-38 所示,在 Freehand 中选择"手动线性"后看到工具坐标已经在焊枪"BinzelTool"的末端显示出来,并选择"捕捉对象"。

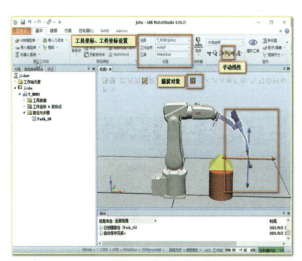 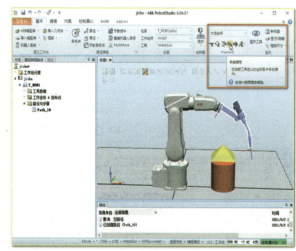

图 1-2-38　更改工具坐标系并在 Freehand 中选择"手动线性"

3. "手动线性"拖拽焊枪,将其末端焊针对准基础工作站中的锥形尖点,如图 1-2-39 所示。

4. 在状态栏的当前指令处将"MoveL"修改为"MoveJ",然后在"资源管理器"处右键单击"Path_10",插入运动指令,如图 1-2-40 所示。

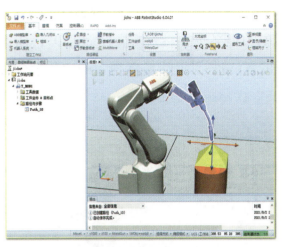

图 1-2-39　手动线性拖拽到锥形尖点

图 1-2-40　插入运动指令

5. 在"资源管理器"窗口处，单击"添加"，生成"点1"，如图 1-2-41 所示，单击"创建"，完成如图 1-2-42 所示的运动指令的插入。

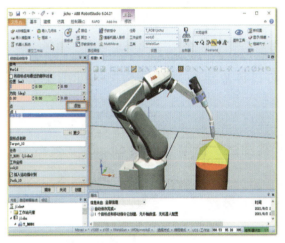

图 1-2-41　生成"点1"

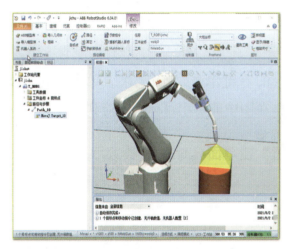

图 1-2-42　运动指令插入完成

6. 在图 1-2-43 中的"MoveJ Target_10"处右键单击，选择"修改位置"，将锥形尖点的坐标位置记录在"MoveJ Target_10"之中，并在图中能够看到修改位置后的变化。

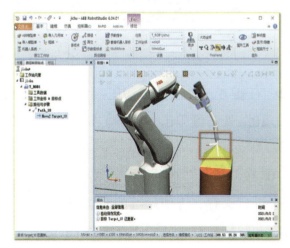

图 1-2-43　修改位置"MoveJ Target_10"

7. 工作站要完成直线运动，因此在状态栏的当前指令处将"MoveJ"修改为"MoveL"，然后"手动线性"拖动焊枪到目标点，并在"资源管理器"处右键单击"Path_10"，插入运动指令并修改位置，如图1-2-44所示。使用同样的方法进行图1-2-45所示的三角运行轨迹的创建。

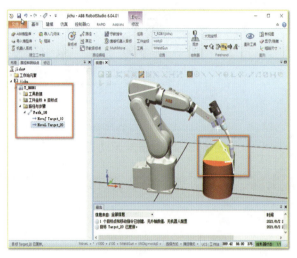

图1-2-44 修改位置"MoveL Target_20"

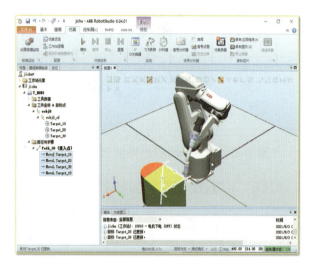

图1-2-45 三角运行轨迹的创建

8. 右键单击"Path_10"，单击"到达能力"对目标点进行到达性检测，如图1-2-46所示，在图中能看出目标点均能到达。

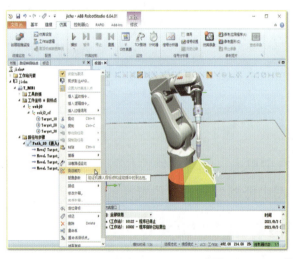

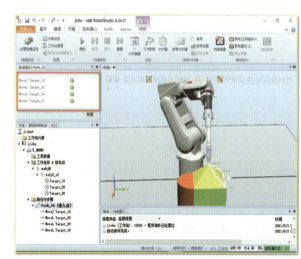

图1-2-46 "到达能力"检测

9. 右键单击将"Path_10"设置为仿真进入点，如图1-2-47（a）所示。在"MoveJ Target_10"处右键单击，选择"执行移动指令"，将焊枪指针移动到锥形尖点处，如图1-2-47（b）所示。

10. 在"仿真"选项卡中，单击"重置"下拉菜单，选择"保存当前状态"，将当前的仿真状态进行保存，方便后续的调试，将当前状态命名为"chushi"，并且在"jichu"机器人状态出勾选数据保存，如图1-2-48所示。

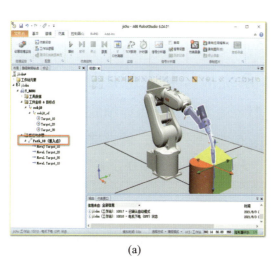
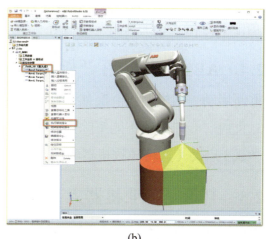

(a) (b)

图 1-2-47 进入仿真执行
(a)仿真进入点;(b)"执行移动指令"

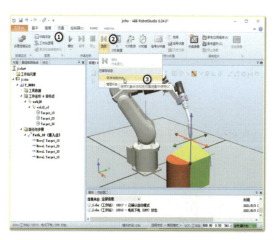

图 1-2-48 "保存当前状态"

11. 在"仿真"选项卡中,单击"播放",即可看到基础工作站的运行效果,单击"暂停"或"停止"即可完成相应停止效果,如图 1-2-49 所示。如果需要工业机器人回到初始状态,即可选择"重置"下拉菜单,单击已经保存的"chushi"机器人便回到了初始状态,如图 1-2-50 所示。

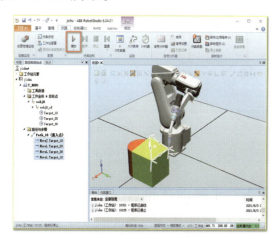
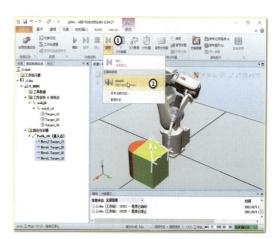

图 1-2-49 "播放"仿真效果　　　　图 1-2-50 回到初始状态

知识拓展

1.2.4 ABB 机器人在开机时进入了系统故障状态应该如何处理

1. 重新启动一次机器人。2. 如果不行，在示教器查看是否有更详细的报警提示，并进行处理。3. 重启。4. 如果还不能解除则尝试 B 启动。5. 如果还不行，请尝试 P 启动。6. 如果还不行请尝试 I 启动（这将导致机器人回到出厂设置状态，请谨慎操作）。

1.2.5 什么是工业机器人奇异点

在标准六轴工业机器人运动学系统中，机器人有三个奇异点位置需要区别对待。它们分别是顶部奇异点、延伸奇异点、腕部奇异点。奇异点的特性为无法正确地进行规划运动。基于坐标的规划运动无法明确地反向转化为各轴的关节运动。机器人在奇异点附近进行规划运动（直线、圆弧等，不包括关节运动）时会报警停止，所以示教时应尽量避开奇异点或以关节运动通过奇异点。很多机器人都会存在这种奇异点，这种现状跟机器人的品牌无关，只和结构有关。

1. 顶部奇异点

腕关节中心点 4、5、6 轴交点，当其位于 1 轴轴线上方时，机器人处于顶部奇异点，如图 1-2-51 所示。

2. 延伸奇异点

当 A2-A3 延长线经过腕关节中心点时机器人处于延伸奇异点，如图 1-2-52 所示。

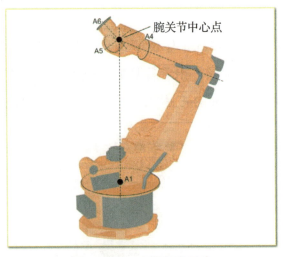

图 1-2-51　顶部奇异点

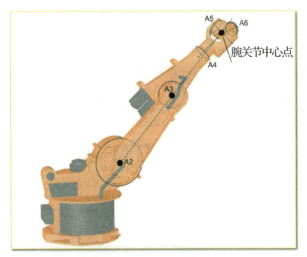

图 1-2-52　延伸奇异点

3. 腕部奇异点

当 4 轴与 6 轴平行即 5 轴关节值接近 0 时机器人处于腕部奇异点，如图 1-2-53 所示。因此，在 ABB 机器人仿真软件 RobotStudio 里面的机器人模型中，机器人的 5 轴会这样稍微往下倾斜，如图 1-2-54 所示，这么做是为了避开奇异点。

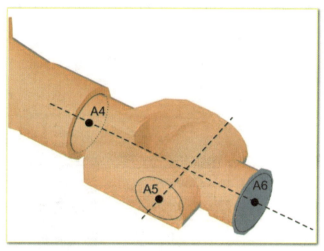

图 1-2-53　腕部奇异点

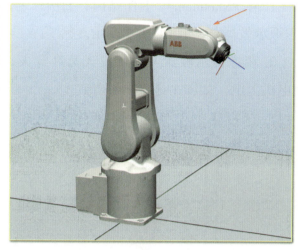

图 1-2-54　ABB 工业机器人模型

任务三　工具坐标系的建立

任务描述

设定工具数据 tooldata 的方法通常采用"TCP 和 Z，X 法"（N=4），又称六点法，其设定原理如下。

1. 在机器人工作范围内找一个非常精准的固定点，一般用 TCP 基准针上的尖点作为参考点。

2. 在工具上选择确定工具中心点的参考点。

3. 用手动操作机器人的方法去移动工具上的参考点，以 4 种以上不同的机器人姿态尽可能与固定点刚好碰上，前 3 个点的姿态相差尽量大些，这样有利于 TCP 精度的提高。第 4 点是用工具的参考点垂直于固定点，第 5 点是工具参考点从固定点向将要设定为 TCP 的 X 方向移动，第 6 点是工具参考点从固定点向将要设定为 TCP 的 Z 方向移动。

4. 机器人通过这 6 个位置点的位置数据计算求得 TCP 的数据，然后 TCP 的数据就保存在 tooldata 这个程序数据中可被程序调用。

任务实施

1.3.1　六点法建立工具坐标系

一共分为 3 步：进入工具坐标系、TCP 点定义和测试工具坐标系准确性，设定工具坐标步骤如下。

1. 在"shoudong"工作站内,打开"控制器"选项卡,单击"示教器"下拉菜单内的"虚拟示教器",如图 1-3-1 所示。

2. 在虚拟示教器上打开模式选择开关,将模式选择到"手动模式",并单击"Enable"使电机上电,如图 1-3-2 所示。

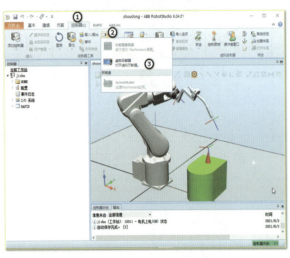

图 1-3-1　打开"虚拟示教器"

图 1-3-2　使电机上电

3. 在手动状态下,单击示教器上"ABB 菜单",选择"手动操纵"或选择"程序数据",再选择"tooldata",如图 1-3-3 所示。

4. 单击"新建..."新建工具坐标系,如图 1-3-4 所示。

图 1-3-3　"手动操纵"

图 1-3-4　新建工具坐标系

5. 在弹出的"新数据声明"窗口中,可以对工具数据属性进行设定,单击"..."后会弹出软键盘,单击可自定义更改工具名称,此处更改为"hanqiang",然后单击"确定",如图 1-3-5 所示。"hanqiang"则为新建的工具坐标,单击"初始值"进行设置。

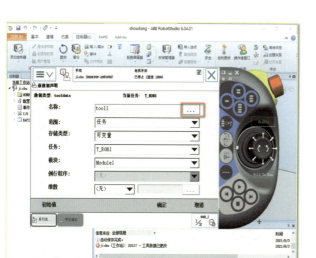 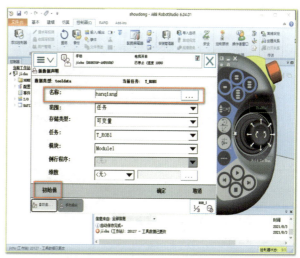

图 1-3-5　工具数据属性设定

6. 单击"向下翻页"按钮找到"mass"。其含义为对应工具的质量，单位为 kg。此处将 mass 的值更改为 1.0，单击"mass"，在弹出的键盘中输入"1.0"，单击"确定"，如图 1-3-6 所示。

7. x、y、z 为工具中心基于 tool0 的偏移量，单位为 mm，此处中将 x 值更改为 –112，y 值不变，z 值更改为 150，然后单击"确定"返回到工具坐标系窗口，如图 1-3-7 所示。

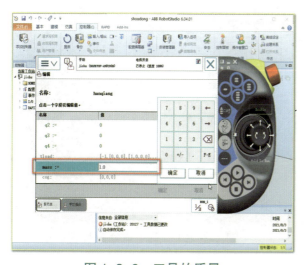 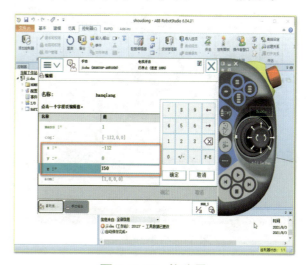

图 1-3-6　工具的质量　　　　　　　　　　　图 1-3-7　偏移量

8. 在"工具名称"窗口，选择新建的工具坐标系"hanqiang"，然后单击"编辑"在弹出的菜单栏中单击"定义"，如图 1-3-8 所示。

9. 单击"定义"，在下拉菜单中"TCP 和 Z，X"是采用六点法来设定 TCP，其中"TCP（默认方向）"为四点法设定 TCP，"TCP 和 Z"为五点法设定 TCP，如图 1-3-9 所示。

图 1-3-8　选择新建工具坐标系"hanqiang"

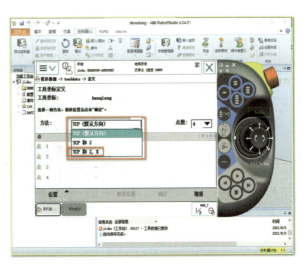

图 1-3-9　定义方法选择

10. 按下示教器使能键"Enable",使用摇杆手动操纵机器人以任意姿态使工具参考点靠近并接触上锥形基准点尖点,然后把当前位置作为第一点,如图 1-3-10 所示。

11. 确认第 1 点到达理想的位置后,在示教器上,单击选择"点 1",然后单击"修改位置",修改并保存当前位置,如图 1-3-11 所示。

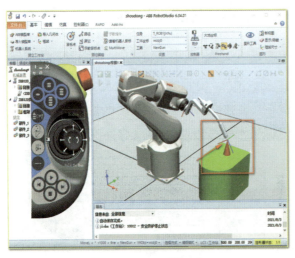

图 1-3-10　第 1 点

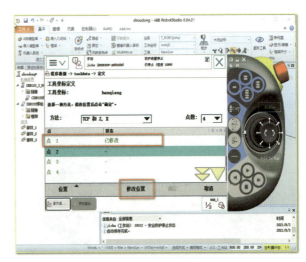

图 1-3-11　第 1 点修改位置

12. 利用摇杆手动操纵机器人变换另一个姿态使工具参考点靠近并接触上锥形基准点尖点。把当前位置作为第 2 点(注意:机器人姿态变化越大,则越有利于 TCP 点的标定),如图 1-3-12 所示。

13. 确认第 2 点到达理想的位置后,在示教器上单击选择"点 2",然后单击"修改位置",修改并保存当前位置,如图 1-3-13 所示。

14. 利用摇杆手动操纵机器人变换另一个姿态,使用同样的方法,将第 3 点进行定义,如图 1-3-14 所示。

15. 确认第 3 点到达理想的位置后,在示教器上单击选择"点 3",然后单击"修改位置"修改并保存当前位置,如图 1-3-15 所示。

图 1-3-12　第 2 点

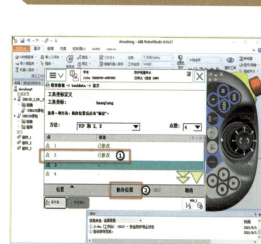

图 1-3-13　第 2 点修改位置

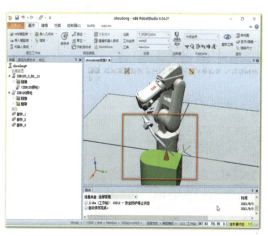

图 1-3-14　第 3 点

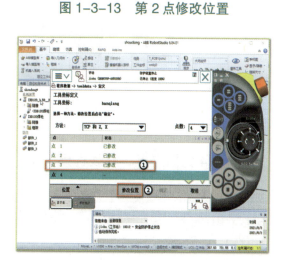

图 1-3-15　第 3 点修改位置

16. 手动操纵机器人使工具参考点垂直接触上锥形基准点尖点，如图 1-3-16 所示，把当前位置作为第 4 点。

※ 此处一定谨记工具参考点要垂直接触锥形基准点尖点才可以进行修改位置。

17. 确认第 4 点到达理想的位置后，在示教器上单击选择"点 4"，然后单击"修改位置"修改并保存当前位置，如图 1-3-17 所示。

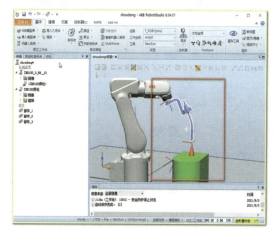

图 1-3-16　第 4 点

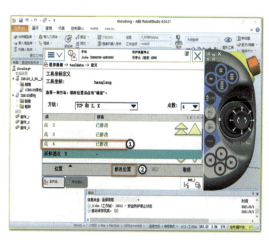

图 1-3-17　第 4 点修改位置

18. 以点4为固定点，在线性模式下，手动操纵机器人运动向前移动一定距离，作为+X方向，如图1-3-18所示。

19. 在示教器操作窗口单击选择"延伸器点X"，然后单击"修改位置"，修改并保存当前位置（使用4点法、5点法设定TCP时不用设定此点），如图1-3-19所示。

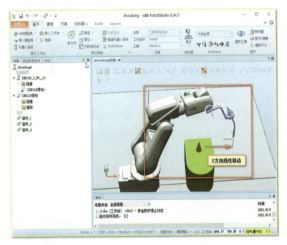

图1-3-18 延伸器点X

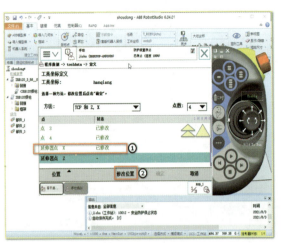

图1-3-19 延伸器点X修改位置

20. 以点4为固定点，在线性模式下，手动操纵机器人运动向上移动一定距离，作为+Z方向，如图1-3-20所示。

21. 单击选择"延伸器点Z"，然后单击"修改位置"，再单击"确定"完成工具坐标定义，如图1-3-21所示。

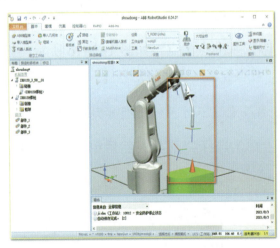

图1-3-20 延伸器点Z

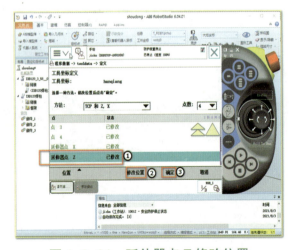

图1-3-21 延伸器点Z修改位置

22. 机器人会根据所设定的位置自动计算TCP的标定误差，当平均误差在0.5 mm以内时，单击"确定"进入下一步，否则需要重新标定TCP，如图1-3-22所示。

23. 工具坐标系建立完成必须进行验证，方法是单击选择"hanqiang"，单击"确定"，选定已经建立的工具坐标系，如图1-3-23所示。在"手动操纵"窗口，将"hanqiang"设定为工具坐标系，单击"动作模式"，如图1-3-24所示。

24. 在"动作模式"中选择"重定位"，单击"确定"返回"手动操纵"窗口，如图

1-3-25 所示。

图 1-3-22 误差标定

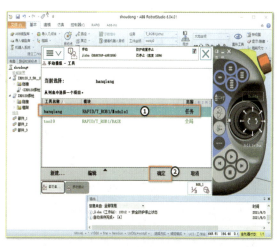

图 1-3-23 选定工具坐标系 "hanqiang"

图 1-3-24 设定 "动作模式"

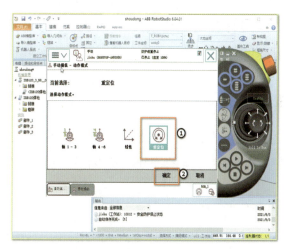

图 1-3-25 选定 "重定位" 模式

25. 按下使能键 "Enable"，将工具焊枪工作点对准锥形基准点尖点，用手拨动机器人手动操纵摇杆，检测机器人是否围绕 TCP 点运动。如果机器人围绕 TCP 点运动，则 TCP 标定成功，如果没有围绕 TCP 点运动或者距离运动过程远离基准点，则需要进行重新标定，如图 1-3-26 所示。

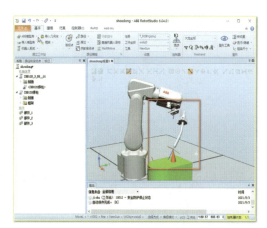
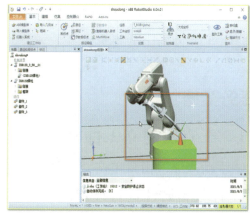

图 1-3-26 验证工具坐标系

知识拓展

1.3.2 工具坐标的设定原理

工具坐标系将 TCP 中心点设为零位，由此定义工具的位置和方向，工具中心点缩写为 TCP（Tool Center Point）。执行程序时，机器人就是将 TCP 移至编程位置。这意味着，如果要更改工具，机器人的移动将随之更改，以便新的 TCP 能到达目标。所有机器人在手腕处都有一个预定义的工具坐标系，该坐标系被称为 tool0，设定新的工具坐标系其实是将一个或多个新工具坐标系定义为 tool0 的偏移值。不同应用的机器人应该配置不同的工具，比如说焊接机器人使用焊枪作为工具，而用于小零件分拣的机器人使用夹具作为工具。

TCP 的设定方法包括"N（3≤N≤9）点法""TCP 和 Z 法""TCP 和 Z，X 法"。

（1）N（3≤N≤9）点法：机器人的 TCP 以 N 种不同的姿态同参考点接触，得出多组解，通过计算得出当前 TCP 与机器人安装法兰盘中心点（tool0）相应位置，其坐标系方向与 tool0 方向一致。

（2）TCP 和 Z 法：在 N 点法基础上，增加 Z 点与参考点的连线作为坐标系 Z 轴的方向，改变了 tool0 的 Z 轴的方向。

（3）TCP 和 Z，X 法：在 N 点法基础上，增加 X 点与参考点的连线作为坐标系 X 轴的方向，Z 点与参考点的连线为坐标系 Z 轴的方向，改变了 tool0 的 X 轴和 Z 轴的方向。

任务四　工件坐标系的建立

任务描述

工件坐标系设定时，通常采用三点法，只需在对象表面位置或工件边缘角位置上，定义 3 个点的位置，来创建一个工件坐标系。其设定原理如下。

X1 和 X2 的连线确定工件坐标 X 轴正方向；Y1 确定工件坐标 Y 正方向；工件坐标原点是 Y1 在工件坐标 X 轴上的投影。

任务实施

1.4.1　三点法建立工件坐标系

1. 在"手动操纵"窗口单击"工件坐标："，在该界面单击"新建..."，如图 1-4-1 所示。
2. 对工件数据属性进行设定，可单击"..."，对工件坐标进行重命名，此处更改为"shoudong"，单击"确定"，如图 1-4-2 所示。

3. 选定"shoudong"工件坐标系，单击"编辑"，在弹出的菜单栏中单击"定义..."，如图1-4-3所示。

图1-4-1　新建工件坐标

图1-4-2　修改工件坐标名称

图1-4-3　新建工件数据

4. 在显示工件坐标定义窗口，将用户方法设定为"3点"，如图1-4-4所示。

5. 在手动模式下，手动操纵机器人的焊枪尖端工具参考点靠近定义坐标的X1点，如图1-4-5所示。

图1-4-4　定义用户方法

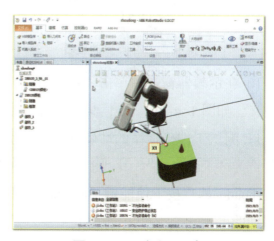

图1-4-5　定义X1点

6. 在示教器窗口中单击"用户点X1",单击"修改位置",如图1-4-6所示。

7. 在手动线性模式下,手动操纵机器人的焊枪尖端工具参考点靠近定义坐标的X2点,如图1-4-7所示。

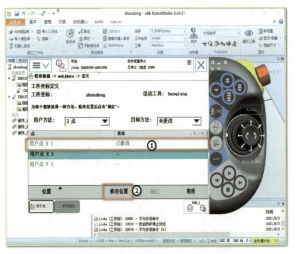

图1-4-6　X1点修改位置

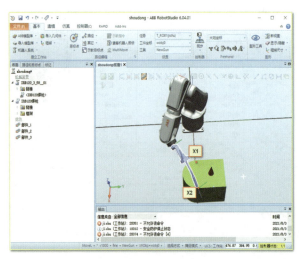

图1-4-7　定义X2点

8. 在示教器窗口中单击"用户点X2",单击"修改位置",如图1-4-8所示。

9. 在手动线性模式下,操纵机器人的工具参考点靠近定义坐标的Y1点,如图1-4-9所示。

图1-4-8　X2点修改位置

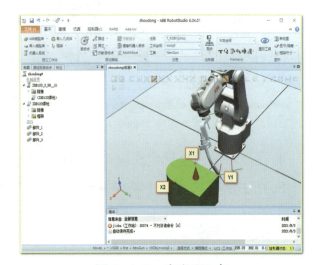

图1-4-9　定义Y1点

10. 在示教器窗口中单击"用户点Y1",单击"修改位置",单击"确定",完成工件坐标定义,如图1-4-10、图1-4-11所示。

11. 测试工件坐标系的准确性,在"手动操纵"下将"动作模式"选为"线性","坐标系"选为"工件坐标"。其"工具坐标"选为"hanqiang","工件坐标"选为新建的工件坐标系"shoudong"。按下使能键"Enable",用手拨动机器人手动操纵摇杆,观察在工件坐标系下移动的方式。

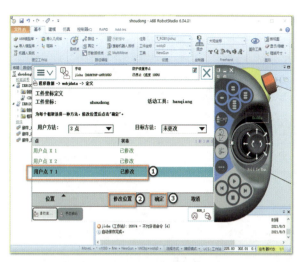
图 1-4-10　Y1 点修改位置

图 1-4-11　完成工件坐标定义

 知识拓展

1.4.2　建立工件坐标系优势

工件坐标，用一种通俗的说法就是，大家用尺子进行测量的时候，尺子上零刻度的位置作为测量对象的起点。在工业机器人中，在工作对象上进行操作的时候，也需要一个像尺子一样的零刻度作为起点，方便进行编程和坐标的偏移计算。

机器人进行编程时就是在工件坐标中创建目标和路径，这将带来很多优点。

1. 重新定位工作站中的工件时，只需更改工件坐标的位置，所有路径将即刻随之更新。

2. 允许操作外部轴或传送导轨移动的工件，因为整个工件可连同其路径一起移动。

3. 工件坐标对应工件，它定义工件相对于大地坐标（或其他坐标）的位置。对机器人进行编程时就是在工件坐标中创建目标和路径。重新定位工作站中的工件时，只需要更改工件坐标的位置，所有的路径将即刻随之更新。

4. 工件坐标用来定义一个平面，机器人的TCP 点在这个平面内做轨迹运动。在 ABB 机器人中，工件坐标被称为"work object data"，简写为"wobjdata"。例如，在图 1-4-12 中，定义好工件坐标"wobj1"之后，在桌面工件的运动轨迹编程完成之后，如果桌子移动，只需要更改"wobj1"的值，之前的桌面工件运动轨迹就无须重新编程了。

由于工件移动或者工作台移动导致必须更换程序，可以灵活运用工件坐标来解决，以此

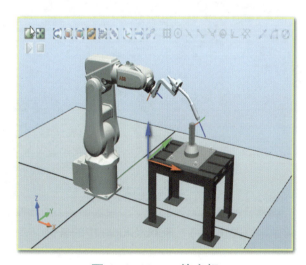
图 1-4-12　工件坐标

来避免大量地更改已经完成的程序，这样不仅可以提高效率，还可以确保程序的准确性，关于该技能点后续任务中会有强化训练。

任务五 工业机器人数据的备份与恢复

任务描述

定期对 ABB 工业机器人数据进行备份，是保证 ABB 工业机器人正常操作的良好习惯。ABB 工业机器人数据备份的对象是所有正在系统内存运行的 RAPID 程序和系统参数。当机器人系统出现错误或重新安装系统后，可以通过备份快速地把机器人恢复到备份时的状态。在该任务中，通过 RobotStudio 和虚拟示教器进行数据的备份与恢复。

任务实施

工业机器人数据备份与恢复有两种方法，一种是可以通过 RobotStudio 进行数据备份与恢复，另一种是通过示教器进行数据的备份与恢复。下面对这两种方法进行实操训练。

1.5.1 通过 RobotStudio 软件进行数据备份与恢复

1. 在 RobotStudio 界面，单击"控制器"选项卡，单击"备份"，在该界面单击"创建备份..."，如图 1-5-1 所示。

2. 在图 1-5-2 中填写备份名称，此处为"jichu_备份_2021-08-04"，填写备份的文件位置，此处为"C:\Users\haifeng612\Desktop"，单击"确定"，即可完成系统数据的备份。

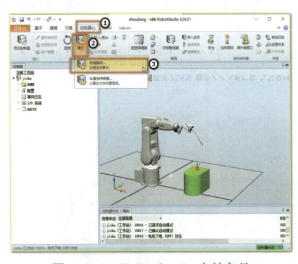
图 1-5-1 RobotStudio 中的备份

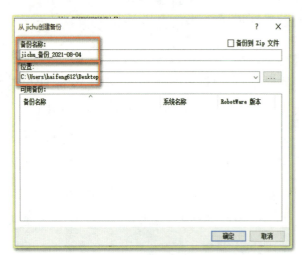
图 1-5-2 备份文件信息

3. 在 RobotStudio 内恢复系统数据，同样单击"控制器"选项卡，单击"备份"，在该界面单击"从备份中恢复…"，如图 1-5-3 所示。

4. 在图 1-5-4 中选择要恢复的备份数据，此处选择刚刚备份的数据"jichu_备份_2021-08-04"，可以看到在备份名称中显示为"jichu_备份_2021-08-04"，单击"确定"，即可完成系统数据的恢复。

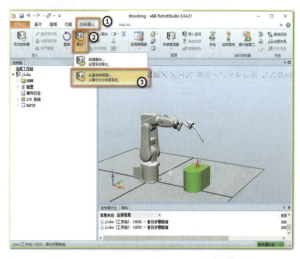

图 1-5-3　RobotStudio 中的恢复

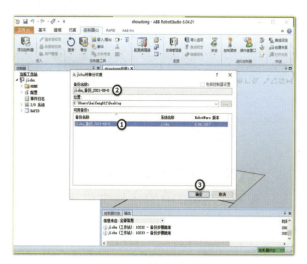

图 1-5-4　恢复文件信息

1.5.2　通过示教器软件进行数据备份与恢复

1. 在 RobotStudio 界面，单击"控制器"选项卡，单击"示教器"，在该界面单击"虚拟示教器"，如图 1-5-5 所示。

2. 在图 1-5-6 中，单击"示教器"下拉菜单，单击"备份与恢复"。

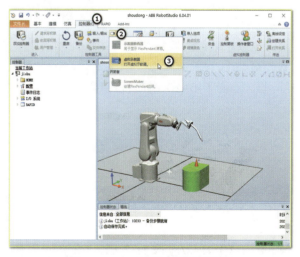

图 1-5-5　打开虚拟示教器

图 1-5-6　恢复文件信息

3. 在数据备份与恢复界面，单击"备份当前系统…"，如图 1-5-7 所示。

4. 在图 1-5-8 中，填写备份数据的文件名称，此处为"jichu_Backup_20210804"，备份路径为"C:/Users/haifeng612/Documents/RobotStudio/Solutions/jichu/Systems/BACKUP/"。

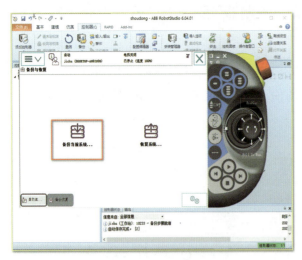

图 1-5-7 备份系统数据

图 1-5-8 备份信息名称

5. 在数据备份与恢复界面，单击"恢复系统..."，如图 1-5-9 所示。

6. 在图 1-5-10 中的备份文件夹中单击"..."选择要恢复的数据，此处为刚刚备份的数据信息。

图 1-5-9 恢复系统数据

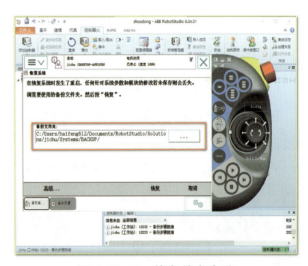

图 1-5-10 恢复信息名称

知识拓展

1.5.3 为机器人备份需要注意什么

1. 在什么情况下需要对机器人进行备份

（1）新机器首次上电后。（2）在做任何修改之前。（3）在完成修改之后。（4）如果机器人重要，定期 1 周一次。（5）最好在 U 盘也做备份。（6）太旧的备份定期删除，腾出硬盘空间。

2. 机器人备份可以多台机器人共用吗

不行，比如说机器人甲 A 的备份只能用于机器人甲，不能用于机器人乙或丙，因为这样会造成系统故障。

3. 机器人备份中什么文件可以共享

如果两个机器人是同一型号，同一配置。则可以共享 RAPID 程序和 EIO 文件，但共享后也要进行验证方可正常使用。

1.5.4 工业机器人数据的关键定义

工业机器人数据的关键定义见表 1-5-1 所示。

表 1-5-1 工业机器人数据的关键定义

模块	后面紧跟例行程序集的数据声明集。模块可以作为文件进行保存、加载和复制。模块分为程序模块和系统模块
程序模块（.mod）	可在执行期间加载和卸载
系统模块（.sys）	主要用于常见系统特有的数据和例行程序，例如对所有弧焊机器人通用的弧焊件系统模块
程序文件（.pgf）	在 IRC5 中，RAPID 程序是模块文件（.mod）和参考所有模块文件的程序文件（.pgf）的集合。在加载程序文件时，所有旧的程序模块将被 .pgf 文件中参考的程序模块所替换。系统模块不受程序加载的影响
例行程序	通常是一个数据声明集，后面紧跟一个实施任务的指令集。例行程序可分为三类：程序、功能和例行程序
数据声明	用于创建变量或数据类型的实例，如数值或工具数据

RAPID 是 ABB 工业机器人的编程语言，在 RobotStuido 中可以对 RAPID 进行单独的保存，以便在不同的工业机器人中进行程序的共享，在 RobotStuido 中单击 "RAPID" 选项卡，在资源管理器窗口中右键单击 "T_ROB1"，如图 1-5-11 所示，单击 "保存程序为"，在图 1-5-12 中命名程序名称，此处为 "shoudong"，单击 "确定" 即可完成程序的保存。

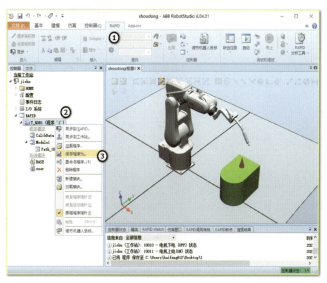

图 1-5-11 保存 RAPID

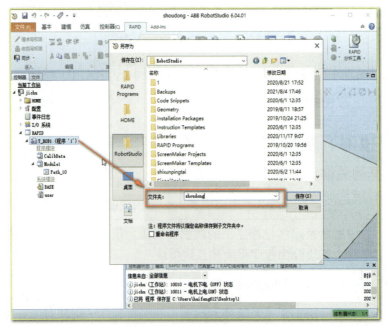

图 1-5-12　命名程序名称

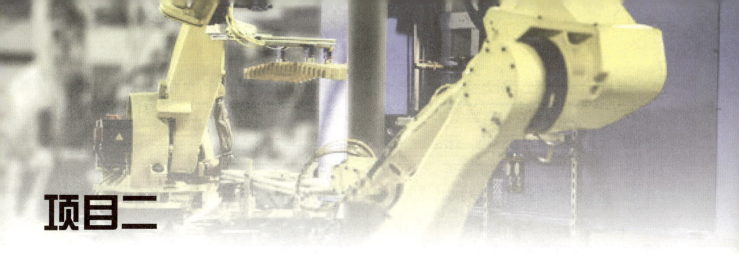

项目二

焊接工作站仿真与实操

工业机器人技术促进了人类工业技术的持续进步，尤其是机器人用于焊接，其有效保证了焊接生产工作过程中的高效率及高质量。焊接工作占据工业机器人很大的比例，市场中对于焊接机器人使用的需求也涉及多方面。

本项目通过运用 RobotStudio 软件对工业机器人焊接应用环境进行虚拟仿真，如图 2-0-1 所示。在焊接工作站应用场景之下，掌握工业机器人的基本运动指令并能够使用虚拟示教器进行工业机器人的焊接工作的轨迹控制，并且进行工具坐标系、工件坐标系、工业机器人备份与恢复等虚拟仿真技能操作，本项目整体结构如图 2-0-2 所示。

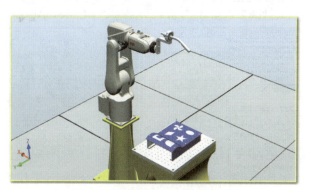

图 2-0-1 焊接工作站仿真

```
项目二 焊接工作站仿真与实操
    ├─ 任务一 五角星图形焊接轨迹仿真
    │     ├─ 2.1.1 工具坐标系建立
    │     ├─ 2.1.2 工件坐标系建立
    │     ├─ 2.1.3 程序编写及示教
    │     ├─ 2.1.4 程序调试——手动+自动
    │     └─ 2.1.5 焊接工作站的打包及录制视频
    └─ 任务二 焊接工作站综合实操
          ├─ 2.2.1 多边形焊接工作站综合实操
          └─ 2.2.2 程序调试——手动+自动
```

图 2-0-2 焊接工作站仿真与实操

学习目标

1. 掌握 MoveL、MoveJ、MoveC、MoveAbsJ 等主要指令。
2. 掌握创建工具坐标的方法。
3. 掌握创建工件坐标的方法。
4. 掌握通过 RobotStudio 进行焊接作业的编程及示教的方法，以及掌握程序调试的方法。
5. 了解工业机器人进行焊接作业的工艺要求。
6. 通过调节焊接轨迹的速度，培养学生在实训中有效提升工作效率、节约能源的习惯。

知识准备

ABB 机器人运动指令分为 4 种，分别为：关节运动 MoveJ、直线运动 MoveL、圆弧运动 MoveC 和绝对位置运动 MoveAbsJ，同时本项目还会用到调用子程序指令 ProCall、等待数字输入指令 WaitTime DI 等指令，具体知识准备框架如图 2-0-3 所示。

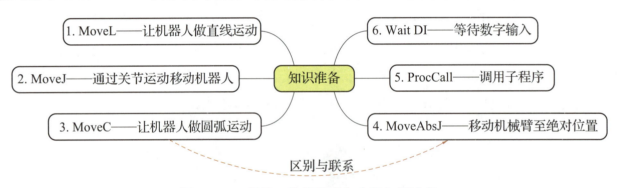

图 2-0-3　焊接工作站仿真与实操知识准备

1. MoveL——让机器人做直线运动

机器人以线性移动方式运动至目标点，当前点与目标点两点决定一条直线，机器人运动状态可控制，运动路径唯一，可能出现死点。MoveL 指令常用于机器人在工作状态时的直线移动。

例 1：MoveL p1，v1000，z30，tool2;

注释：tool2 的 TCP 沿直线运动到位置 p1，速度数据（mm/s）为 v1000，zone 数据（转弯半径 mm）为 z30。

例 2：MoveL \Conc，*，v2000，z40，grip3;

注释：工具 grip3 的 TCP 沿直线运动至指令中储存的位置。当机械臂运动时，执行后续逻辑指令。

例 3：MoveL start，v2000，z40，grip3 \WObj:=fixture;

注释：工具 grip3 的 TCP 沿直线运动至位置 start。在关于 fixture 的工件坐标系中指定该位置。

2. MoveJ——通过关节运动移动机器人

当运动不必是直线的时候，MoveJ用来快速将机器人从一个点运动到另一个点，机器人和外部轴沿着一个非直线的路径移动到目标点，所有轴同时到达目标点。该指令只能用在主任务T_ROB1中，或者在多运动系统的运动任务中。

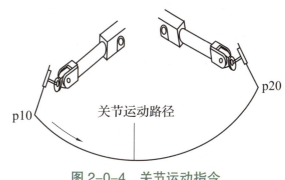

图2-0-4 关节运动指令

机器人以最快捷的方式运动至目标点，其运动状态不完全可控，但运动路径保持唯一。MoveJ指令常用于机器人在空间大范围移动，如图2-0-4所示。

例1：MoveJ p1，vmax，z30，tool2;

注释：工具tool2的TCP沿着一个非线性路径到位置p1，速度数据是vmax，zone数据是z30。

例2：MoveJ *，vmax \T:=5，fine，grip3;

注释：将工具grip3的TCP沿非线性路径移动至储存于指令中的停止点（标记有*）。整个运动耗时5秒。

例3：MoveJ *，v2000\V:=2200，z40 \Z:=45，grip3;

注释：工具grip3的TCP沿非线性路径运动至指令中储存的位置。将数据设置为v2000和z40时，开始运动。TCP的速率和区域半径分别为2200mm/s和45mm。

例4：MoveJ \Conc，*，v2000，z40，grip3;

注释：工具grip3的TCP沿非线性路径运动至指令中储存的位置。当机械臂运动时，执行后续逻辑指令。

例5：MoveJ start，v2000，z40，grip3 \WObj:=fixture;

注释：工具grip3的TCP沿非线性路径运动至位置start。在关于fixture的工件坐标系中指定该位置。

3. MoveC——让机器人做圆弧运动

机器人通过中间点以圆弧移动方式运动至目标点，当前点、中间点与目标点3点决定一段圆弧，机器人运动状态可控制，运动路径保持唯一。MoveC指令常用于机器人在工作状态时的移动。MoveC指令示例如图2-0-5所示。

例1：MoveC p1，p2，v500，z30，tool2;

注释：工具tool2的TCP沿圆周移动至位置p2，其速度数据为v500，且区域数据为z30。根据起始位置、圆周点p1和目的点p2，确定该循环。

例2：MoveC *，*，v500 \T:=5，fine，grip3;

注释：工具grip3的TCP沿圆周移动至指令中储存的fine点（标有第二个*），同时将圆周点储存在指令中（标有第一个*）。完整的运动耗时5秒。

例3：

MoveJ p1，v500，fine，tool1；

MoveC p2，p3，v500，z20，tool1；

MoveC p4，p1，v500，fine，tool1；

注释：图2-0-6显示了如何通过两个MoveC指令，实施一个完整的周期。

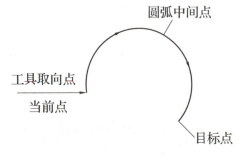
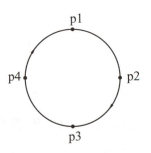

图2-0-5　MoveC指令　　　　　　　　图2-0-6　完整的周期

4. MoveAbsJ——移动机械臂至绝对位置

移动机械臂至绝对位置。机器人以单轴运动的方式运动至目标点，不存在死点，运动状态完全不可控制，避免在正常生产中使用此命令。指令中TCP与Wobj只与运动速度有关，与运动位置无关。MoveAbsJ指令常用于检查机器人零点位置。

例1：MoveAbsJ p50，v1000，z50，tool2；

注释：通过速度数据v1000和区域数据z50，机械臂及工具tool2得以沿非线性路径运动至绝对轴位置p50。

例2：MoveAbsJ *，v1000\T:=5，fine，grip3；

注释：机械臂及工具grip3沿非线性路径运动至停止点，该停止点储存为指令（标有*）中的绝对轴位置。整个运动耗时5秒。

MoveJ和MoveAbsJ的区别在于MoveJ和MoveAbsJ的运动轨迹相同，都是以关节方式运动，不同的是所采用的数据点类型。

5. ProcCall——调用子程序

调用无返回值例行程序。通过ProcCall指令将程序指针移至对应的例行程序并开始执行，执行完例行程序，程序指针返回到调用位置，执行后续指令。

6. Wait DI——等待数字输入

例1：WaitDI di4，1；

注释：仅在已设置di4输入后，继续程序执行。

例2：WaitDI grip_status，0；

注释：仅在已重置grip_status输入后，继续程序执行。

任务一　五角星图形焊接轨迹仿真

任务描述

通过正确使用 RobotStudio 的仿真软件，根据建模的环境，运用 MoveL 基本运动指令进行五角星图形的轨迹仿真。在搭建工作站仿真过程中需要建立焊枪工具坐标系、建立焊台工件坐标系、完成程序的编写与调试，以及最终将工作站进行打包及录制视频。

任务实施

2.1.1　工具坐标系建立

以 TCP 和 Z，X 法（又称六点法）为例进行工具数据的设定。一共分为 3 步：进入工具坐标系、TCP 点定义和测试工具坐标系准确性。设定工具坐标步骤如下。

1. 在 RobotStudio 软件中的控制器选项卡，单击"示教器"中的"虚拟示教器"，如图 2-1-1 所示。

2. 在虚拟示教器中单击"模式选择"，将工业机器人置于"手动模式"，然后单击"Enable"使工业机器人电机上电，如图 2-1-2 所示。

图 2-1-1　打开虚拟示教器

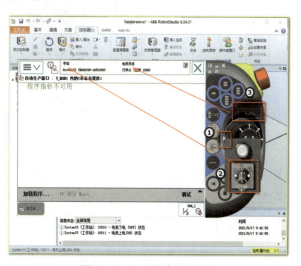
图 2-1-2　使电机上电

3. 在手动状态下，单击示教器上"ABB 菜单"，选择"手动操纵"，选择"工具坐标"，如图 2-1-3 所示。

4. 在工具坐标界面能够看到有一个"tool0"，这是工业机器人自带默认的法兰盘工具坐标系，在这里需要重新创建一个工具坐标系，因此，单击"新建..."新建工具坐标系，如图 2-1-4 所示。

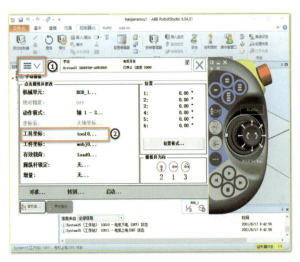

图 2-1-3　选择"工具坐标"

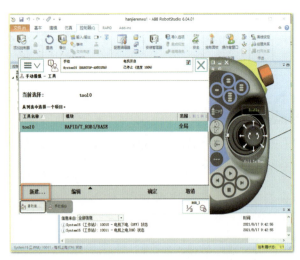

图 2-1-4　新建工具坐标系

5. 在弹出的"新数据声明"窗口中，可以对工具数据属性进行设定，单击"…"后会弹出软键盘，此处更改工具名称为"hanqiang"，然后单击"确定"，如图 2-1-5 所示。

6. "hanqiang"则为新建的工具坐标，如图 2-1-6 所示。

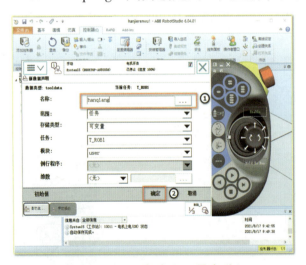

图 2-1-5　自定义工具名称

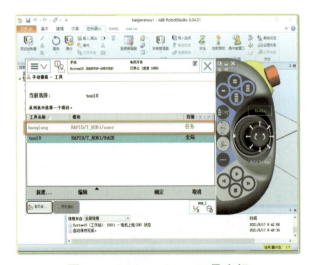

图 2-1-6　hanqiang 工具坐标

7. 选中"hanqiang"工具，单击"编辑"下的"更改值…"进行焊枪工具的基本数据设置，如图 2-1-7 所示。

8. 在"hanqiang"参数中将重量、重心偏移量等重要参数设置为"mass=1""cog.z=1"，然后单击"确认"完成参数设置，如图 2-1-8 所示。

9. 在"工具坐标"窗口，选择新建的工具坐标"hanqiang"，然后单击"编辑"，在弹出的菜单栏中选择单击"定义"，如图 2-1-9 所示。

10. 在下拉菜单中"TCP 和 Z，X"是采用六点法来设定 TCP，如图 2-1-10 所示。

项目二 焊接工作站仿真与实操

图 2-1-7 更改值

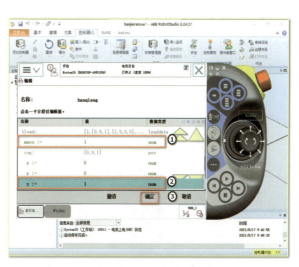

图 2-1-8 参数设置

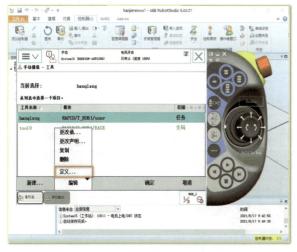

图 2-1-9 单击"编辑"

图 2-1-10 采用六点法来设定 TCP

11. 使用示教器将工业机器人焊枪尖点对准焊接工作台基准点，如图 2-1-11 所示。

12. 在虚拟示教器中"点 1"处单击"修改位置"，将数据保存，如图 2-1-12 所示。

图 2-1-11 点 1 姿态

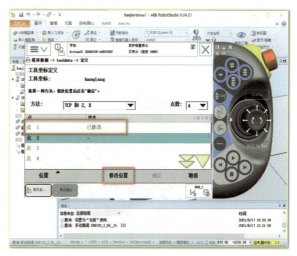

图 2-1-12 点 1 修改位置

13. 调整工业机器人姿态，换不同的姿态靠近对准工作台基准点，进行"点2""点3"数据修改，如图2-1-13、图2-1-14所示。

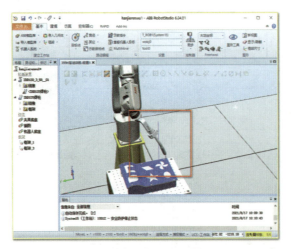 

图 2-1-13　点 2 姿态及修改位置

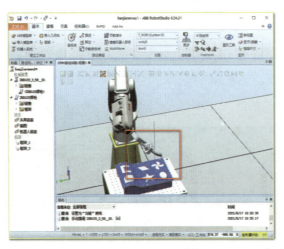 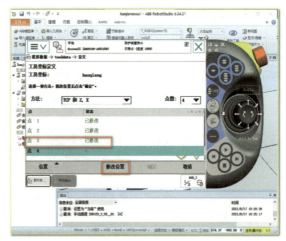

图 2-1-14　点 3 姿态及修改位置

14. "点 4"姿态要求较为特殊，要求焊枪垂直于基准点进行修改位置，主要为后续 X、Z 轴的延伸点示教做好基础，调整工业机器人姿态，进行"点 4"数据修改，如图 2-1-15 所示。

图 2-1-15　点 4 姿态及修改位置

15. 将虚拟示教器轴模式调整为"线性运动模式"，使工业机器人沿着 X 向前运动一定距离，然后再将"延伸器点 X"修改位置，如图 2-1-16 所示。

图 2-1-16　延伸器点 X 姿态及修改位置

16. 将工业机器人重新垂直对准基准点，使工业机器人沿着 Z 向上运动一定距离，然后再将"延伸器点 Z"修改位置，然后单击"确定"完成工具坐标定义，如图 2-1-17 所示。

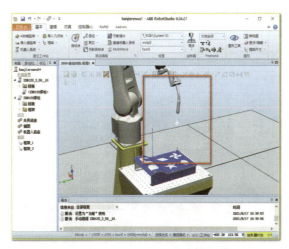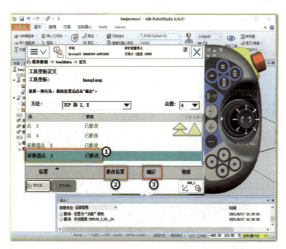

图 2-1-17　延伸器点 Z 姿态及修改位置

17. 确定后可以看到所建立的工具的误差精度，平均误差符合工具要求，单击"确定"正常使用"hanqiang"工具，如图 2-1-18 所示。

18. 在仿真环境中，虚拟示教器中建立的工具坐标需要同步到工作站之中才可以正常应用，在基本选项卡下的"同步"菜单栏下单击"同步到工作站"，如图 2-1-19 所示。

图 2-1-18　"hanqiang"误差

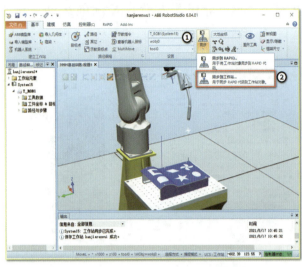
图 2-1-19　同步到工作站

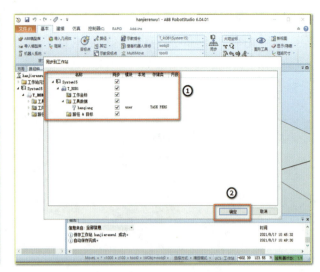
图 2-1-20　勾选数据

19. 在"同步到工作站"窗口中勾选所有数据，单击"确定"，如图 2-1-20 所示。

20. 在 RobotStudio 窗口中可以看到"hanqiang"工具已经正常使用，同时单击"重定位"模式进行工具坐标的验证，对准基准点后，任意角度移动都可以保证焊枪尖点与焊枪工作台基准点保持相对不变的位置，证明工具坐标能满足使用要求，如图 2-1-21 所示。

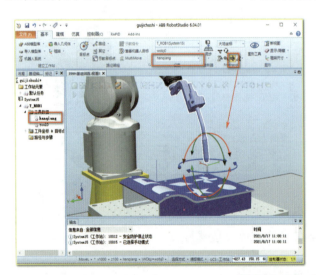
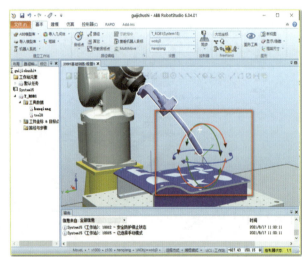

图 2-1-21　验证工具坐标

2.1.2　工件坐标系建立

工件坐标用来定义一个平面，机器人的 TCP 点在这个平面内做轨迹运动。在 ABB 机器人中，工件坐标被称为"work object data"，简写为"wobjdata"。定义好工件坐标 wobj1，对桌面工件的运动轨迹编程完成之后，如果桌子移动，只需要更改 wobj1 的值，之前的桌面工件运动轨迹就无须重新编程了。

1. 在 RobotStudio 窗口基本选项卡下，单击"其它"的"创建工件坐标"，如图 2-1-22 所示。

2. 在"创建工件坐标"窗口，命名新的工件坐标系名字为"hanjieguiji"，然后单击"取点创建框架"下拉菜单中选择"三点"，如图 2-1-23 所示。

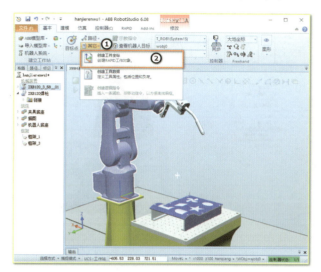

图 2-1-22　"创建工件坐标"

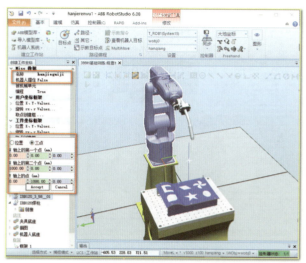

图 2-1-23　取点创建框架

3. 在 RobotStudio 窗口基本选项卡下，选择"捕捉圆心""选择物体"然后单击"三点"处的"X 轴上第一点"，在工作台处可以看到选定图标，如图 2-1-24 所示。

4. 单击"三点"处的"X 轴上第二个点"，在工作台处可以看到选定图标，如图 2-1-25 所示。

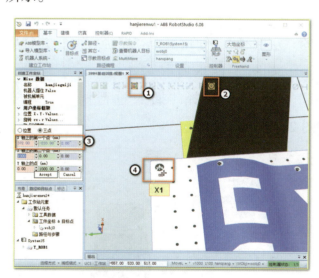

图 2-1-24　X 轴上第一个点

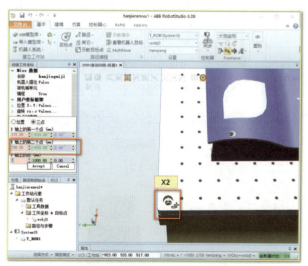

图 2-1-25　X 轴上第二个点

5. 单击"三点"处的"Y轴上的点",在工作台处可以看到选定图标,然后单击"Accept""创建",即完成工件坐标的创建,如图2-1-26所示。

6. 创建工件坐标后可以在RobotStudio软件中的资源浏览器工件数据及工作台建立工件坐标处看到已经建好的坐标系,如图2-1-27所示。

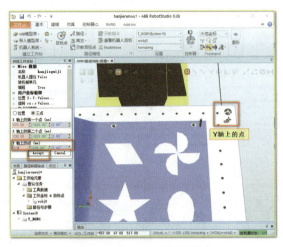

图 2-1-26 Y轴上的点

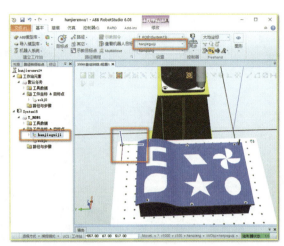

图 2-1-27 hanjieguiji 工件坐标

2.1.3 程序编写及示教

程序编写前必须进行一个程序框架的搭建,即完成程序的思路规划,此处要求完成五角星图形的模拟焊接,因此包括两个子程序(初始化和五角星),一个主程序便可。在此程序框架中,由主程序首先调用初始化程序,使得焊枪到达准备焊接位置,然后对五角星进行模拟焊接,焊接完成后再次回到准备焊接位置。

1. 在基本选项卡下单击"路径"下拉菜单的"空路径",创建三个空路径程序,并且更改名称,分别为"main""chushihua""wujiaoxing",如图2-1-28所示。

2. 在资源浏览器窗口,右键单击"main"主程序,选择"插入过程调用"勾选"chushihua""wujiaoxing"完成子程序调用,如图2-1-29所示。

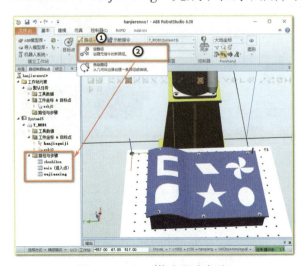

图 2-1-28 搭建程序框架

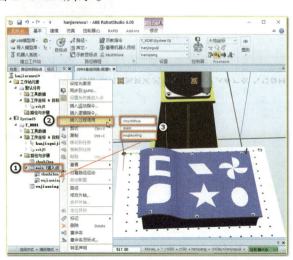

图 2-1-29 调用子程序

3. 调整工业机器人姿态到五角星上方初始化工作位置，如图 2-1-30 所示。

4. 在状态栏选择要使用的程序语句，此处选择关节移动"MoveJ"，速度位"V=300 mm/s"，转弯半径"Z=100 mm"，工具坐标使用"hanqiang"，工件坐标使用"hanjieguiji"，然后在资源浏览器窗口"chushihua"子程序右键单击"插入运动指令..."，如图 2-1-31 所示。

图 2-1-30　初始化位置

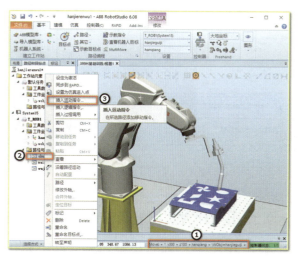

图 2-1-31　插入关节运动指令

5. 在创建运动指令窗口，单击"添加新建"点 1 并修改名称为"pHome"表示该点为初始点，单击"创建"，如图 2-1-32 所示。

6. 在"chushihua"子程序的"MoveJ pHome"处右键单击"修改位置"就可以把当前工业机器人的位置数据存储在"pHome"之中，如图 2-1-33 所示。

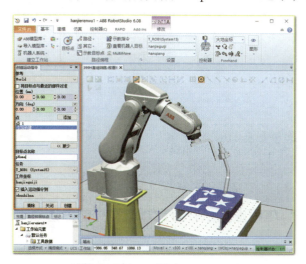

图 2-1-32　创建 pHome

图 2-1-33　修改 pHome

7. 在"wujiaoxing"子程序处右键单击"插入运动指令..."，添加"MoveJ""150 mm/s""hanjie"工具、"hanjieguiji"工件坐标，再将工业机器人移动到 p10 处进行"修改位置"，将 p10 位置数据保存下来，如图 2-1-34 所示。

8. 在"wujiaoxing"子程序处右键单击"插入运动指令..."，添加"MoveL""150 mm/s""hanjie"工具、"hanjieguiji"工件坐标，再将工业机器人移动到 p20 处进行"修改位置"，将

p20位置数据保存下来，如图2-1-35所示。

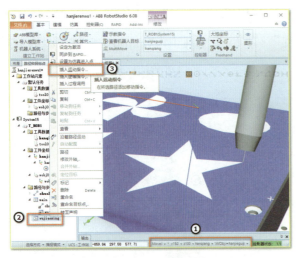
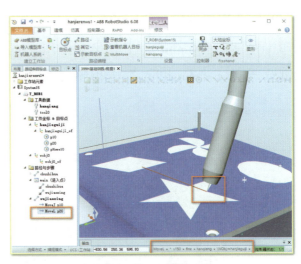

图2-1-34　修改p10　　　　　　　　图2-1-35　修改p20

9. 使用同样方法将五角星剩余位置进行逆时针示教，然后单击"同步到RAPID…"，使工作站和RAPID两侧同步，完成后的示教位置及RAPID程序，如图2-1-36所示。

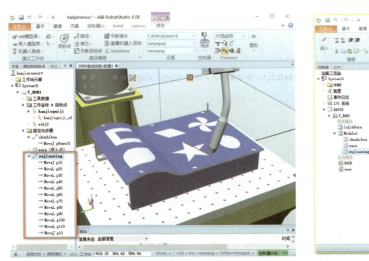
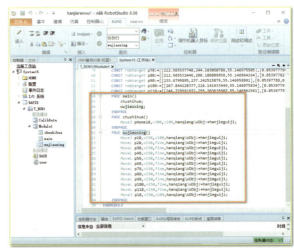

图2-1-36　五角星轨迹示教位置及RAPID程序

2.1.4　程序调试——手动+自动

1. 程序的调试分为手动调试和自动调试，需要使用虚拟示教器进行。在控制器选项卡下单击"示教器"打开"虚拟示教器"，如图2-1-37所示。

2. 在虚拟示教器上单击"模式选择"开关，切换到"手动"模式，然后单击"Enable"使工业机器人电机上电，如图2-1-38所示。

3. 单击虚拟示教器下拉菜单，选择"程序编辑器"，如图2-1-39所示。

4. 在虚拟示教器上单击"调试"，选择"PP移至Main"可以看到指针已经指向"chushihua"，此时可以单击右下角的"单步运行"或者"运行"来调试，如图2-1-40所示。

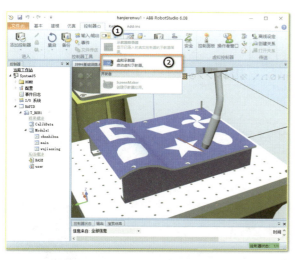

图 2-1-37　打开"虚拟示教器"

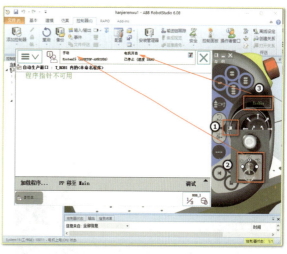

图 2-1-38　使电机上电

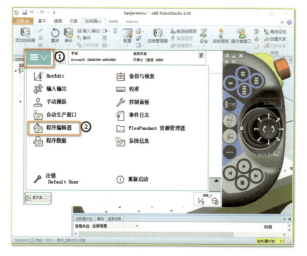

图 2-1-39　程序编辑器

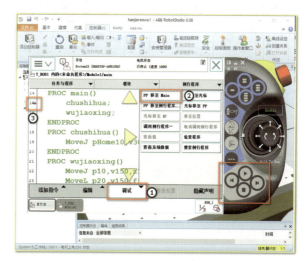

图 2-1-40　手动调试

5. 单击虚拟示教器"Enable",松开使能开关,选择"模式开关",从"手动模式"转换到"自动模式",单击"确定",如图 2-1-41 所示。

6. 在虚拟示教器上单击"PP 移至 Main",选择"是",如图 2-1-42 所示。

图 2-1-41　切换到"自动模式"

图 2-1-42　PP 移至 Main

7. 从图 2-1-43 可以看出此时电机处于关闭状态，需要将电机开启，在虚拟示教器"模式选择"开关，单击"上电指示按钮"。

8. 电机开启后，可以单击示教器右下角"运行""单步运行"进行自动模式下的程序调试，如图 2-1-44 所示。

图 2-1-43　上电电机

图 2-1-44　自动调试

9. 参考程序如表 2-1-1 所示。

表 2-1-1　参考程序

参考程序（不包含位置信息）	笔　记

``
MODULE Module1
 	
    PROC main ( )
        chushihua;
        wujiaoxing;
        chushihua;
    ENDPROC
 	
    PROC chushihua ( )
        MoveJ pHome10, v300, z100, hanqiang\WObj:=hanjieguiji;
    ENDPROC
 	
    PROC wujiaoxing ( )
        MoveJ p10, v150, z100, hanqiang\WObj:=hanjieguiji;
        MoveL p20, v150, fine, hanqiang\WObj:=hanjieguiji;
        MoveL p30, v150, fine, hanqiang\WObj:=hanjieguiji;
        MoveL p40, v150, fine, hanqiang\WObj:=hanjieguiji;
        MoveL p50, v150, fine, hanqiang\WObj:=hanjieguiji;
        MoveL p60, v150, fine, hanqiang\WObj:=hanjieguiji;
        MoveL p70, v150, fine, hanqiang\WObj:=hanjieguiji;
        MoveL p80, v150, fine, hanqiang\WObj:=hanjieguiji;
        MoveL p90, v150, fine, hanqiang\WObj:=hanjieguiji;
        MoveL p100, v150, fine, hanqiang\WObj:=hanjieguiji;
        MoveL p110, v150, fine, hanqiang\WObj:=hanjieguiji;
        MoveL p10, v150, z100, hanqiang\WObj:=hanjieguiji;
    ENDPROC
 	
ENDMODULE
``	

2.1.5 焊接工作站的打包及录制视频

1. 单击"文件"选项卡下的"共享",选择"打包"并选择存储位置,如图2-1-45所示。

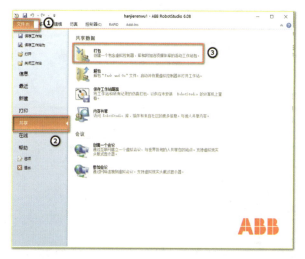 

图2-1-45 打包及打包后的文件

2. 在"仿真"选项卡下的"仿真设定"设置"单周期",进入点为"main",然后单击仿真选项卡下的"仿真录像",最后单击"播放"进行仿真录像,如图2-1-46所示。

3. 仿真录像后可以单击"查看录像"观看刚刚完成的视频,也可以在"文件"选项卡下单击"选项"中的"屏幕录像机"找到录像文件的所在位置进行播放录像,如图2-1-47所示。

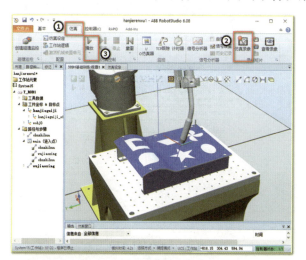 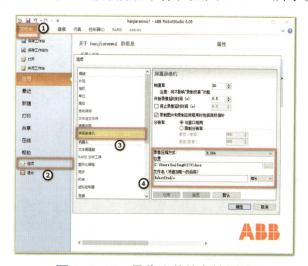

图2-1-46 仿真录像　　　　　　　　　图2-1-47 录像文件的存储位置

 知识拓展

2.1.6 带参数的例行程序

焊接过程中可以根据具体焊接尺寸进行作业,如重复焊接一个长方形,只是起点不同时,则可以编写带参数的例行程序,在程序中调用可以简化整个程序。

编写一个画长方形的带参数的通用程序,在这个例行程序中需要三个参数,一个是长方形的顶点此处用 pStart，另外两个是长方形的长和宽，此处用 chang 和 kuan，程序如下。

```
VAR num chang:=0;
VAR num kuan:=0;
PROC main()
    chushihua;
    cfx p10, 200, 100;
    MoveAbsJ jpos10\NoEOffs, v300, z50, hanqiang\WObj:=hanjieguiji;
ENDPROC
PROC chushihua()
    MoveJ pHome, v300, z100, hanqiang\WObj:=hanjieguiji;
ENDPROC
PROC cfx(robtarget pStart, num chang, num kuan)
    MoveJ pStart, v200, fine, hanqiang\WObj:=hanjieguiji;
    MoveL Offs(pStart, chang, 0, 0), v200, fine, hanqiang\WObj:=hanjieguiji;
    MoveL Offs(pStart, chang, -kuan, 0), v150, fine, hanqiang\WObj:=hanjieguiji;
    MoveL Offs(pStart, 0, -kuan, 0), v150, fine, hanqiang\WObj:=hanjieguiji;
    MoveL pStart, v150, fine, hanqiang\WObj:=hanjieguiji;
ENDPROC
```

调用带参数的程序 PROC cfx（在程序中，机器人的运行轨迹是以 p10 为起点，长 200 mm，宽 100 mm 的长方形）cfx p10，200，100;。

任务二 焊接工作站综合实操

任务描述

焊接工作站综合实操要求完成"C"字形焊接轨迹的模拟，在图 2-2-1 中标注出的 p10 到 p60 的点位中，要求不同轨迹部分的速度不同，以保证焊接的完成程度。

焊枪开始在机械零点位置，以 0.3 m/s 的速度运动至准备工作点 pHome，然后以 0.2 m/s 的速度运动至 p10 处，p10 到 p30 和 p40 到 p60 两个部分为两段弧度，运行速度要求 0.1 m/s，p30 到 p40 段为直线运动，要求速度 0.15 m/s，焊接模拟结束焊枪再次以 0.2 m/s 的速度运动至准备点 pHome 处，最后以 0.3 m/s 的速度运动至机械零点位置。

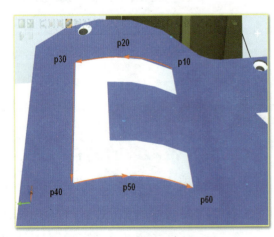

图 2-2-1 焊接综合实操

任务实施

2.2.1 多边形焊接工作站综合实操

1.焊枪工具坐标和工件坐标均使用任务1中已经建立完成"hanqiang"工具坐标和"hanjieguiji"工件坐标,打开示教器手动上电,选定工具坐标和工件坐标,如图2-2-2所示。

2.打开示教器下拉菜单,进入"程序编辑器",如图2-2-3所示。

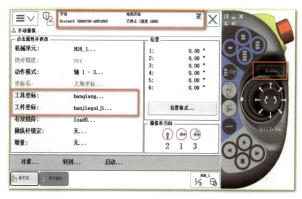
图2-2-2 选定工具坐标和工件坐标

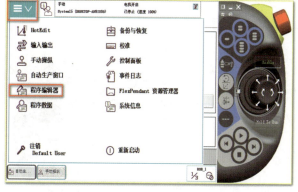
图2-2-3 程序编辑器

3.进入程序编辑器后,选择"文件"然后"新建模块…",创建模块名称为"Module1",如图2-2-4所示。

4.双击"Module1"之后,选择"文件"然后"新建例行程序…",完成"main"主程序、"chushihua"初始化程序子程序、"cxing"C形多边形子程序搭建,如图2-2-5所示。

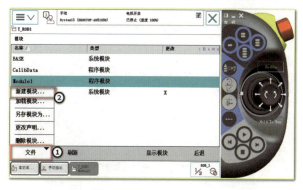
图2-2-4 Module1

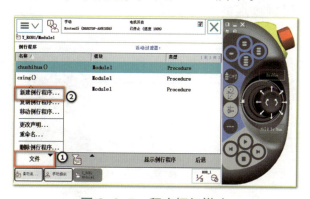
图2-2-5 程序框架搭建

5.双击"main"主程序,进入程序后需要调用初始化程序子程序和C形多边形子程序,单击"ProCall"调用指令,如图2-2-6所示。

6.进入调用界面,选择"chushihua"初始化程序子程序和"cxing"C形多边形子程序即可完成程序调用,如图2-2-7所示。

7.选择"MoveAbsJ"指令,默认绝对位置名称为"jpos10"将机械臂和外轴移动至轴位置中指定的绝对位置,确认速度为0.3 m/s,如图2-2-8所示。

8.打开示教器下拉菜单,进入"程序数据",编辑"jpos10"数据,如图2-2-9所示。

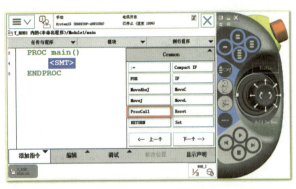

图 2-2-6 ProCall 命令

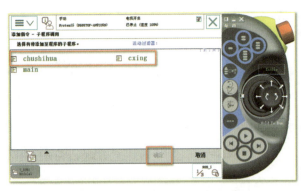

图 2-2-7 调用子程序

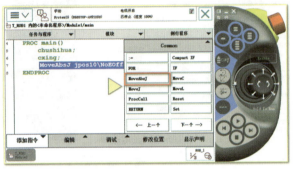

图 2-2-8 插入 "MoveAbsJ"

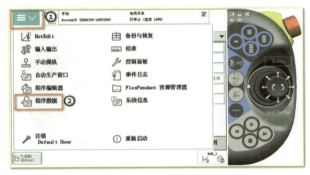

图 2-2-9 进入 "程序数据"

9. jointtarget 用于规定机械臂和外轴的各单独轴位置，单击 "jointtarget"，进入编辑 "jpos10"，如图 2-2-10 所示。

10. 在图 2-2-11 中可以看出，数据各轴均在零点处，因此 "jpos10" 位置就是工业机器人机械零点的绝对位置。

图 2-2-10 进入 "jointtarget"

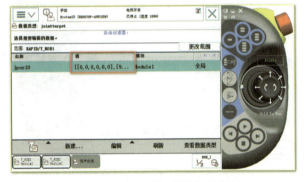

图 2-2-11 绝对零点位置

11. 使用示教器的单轴运动模式，将工业机器人姿态调整到 pHome 处（该点可以根据现场要求进行调整），如图 2-2-12 所示。

12. 在 "chushihua" 程序中插入 "MoveJ" 指令，此处命名位置为 "pHome" 并修改位置，存储位置信息，如图 2-2-13 所示。

13. 使用示教器线性运动模式，将焊枪尖点调整到 p10 位置，如图 2-2-14 所示。

14. 在 "cxing" 子程序中插入 "MoveJ" 指令、"p10" 位置，速度为 0.2 m/s，并且修改位置保存 p10 位置数据，如图 2-2-15 所示。

图 2-2-12　pHome 点

图 2-2-13　pHome 修改位置

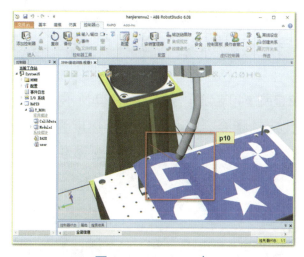

图 2-2-14　p10 点

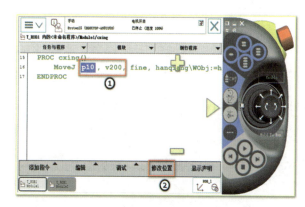

图 2-2-15　p10 修改位置

15. 使用示教器线性运动模式，将焊枪尖点调整到 p20 位置，如图 2-2-16 所示。

16. 在"cxing"子程序中插入"MoveC"圆弧指令、"p20"位置，速度为 0.1 m/s，并且修改位置保存 p20 位置数据，如图 2-2-17 所示。

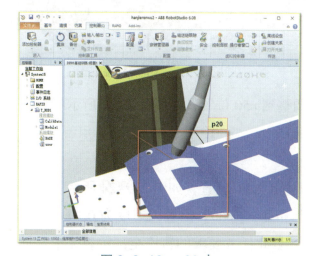

图 2-2-16　p20 点

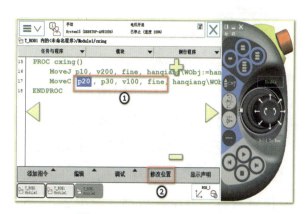

图 2-2-17　p20 修改位置

17. 使用示教器线性运动模式，将焊枪尖点调整到 p30 位置，如图 2-2-18 所示。

18. 在"cxing"子程序中插入"MoveC"圆弧指令、"p30"位置，速度为 0.1 m/s，并且修改位置保存 p30 位置数据，如图 2-2-19 所示。

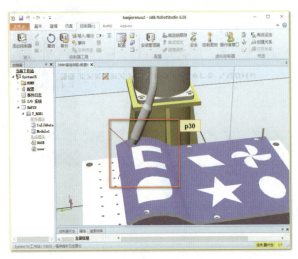

图 2-2-18　p30 点

图 2-2-19　p30 修改位置

19. 使用示教器线性运动模式，将焊枪尖点调整到 p40 位置，如图 2-2-20 所示。

20. 在"cxing"子程序中插入"MoveL"线性运动指令、"p40"位置，速度为 0.2 m/s，并且修改位置保存 p40 位置数据，如图 2-2-21 所示。

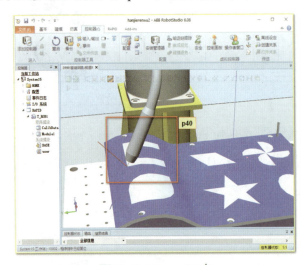

图 2-2-20　p40 点

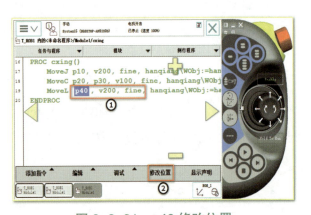

图 2-2-21　p40 修改位置

21. 使用示教器线性运动模式，将焊枪尖点调整到 p50 位置，如图 2-2-22 所示。

22. 在"cxing"子程序中插入"MoveC"圆弧指令、"p50"位置，速度为 0.1 m/s，并且修改位置保存 p50 位置数据，如图 2-2-23 所示。

23. 使用示教器线性运动模式，将焊枪尖点调整到 p60 位置，如图 2-2-24 所示。

24. 在"cxing"子程序中插入"MoveC"圆弧指令、"p60"位置，速度为 0.1 m/s，并且修改位置保存 p60 位置数据，如图 2-2-25 所示。至此任务要求的轨迹全部示教完毕，下一步进行调试工作。

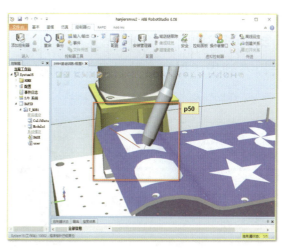

图 2-2-22　p50 点

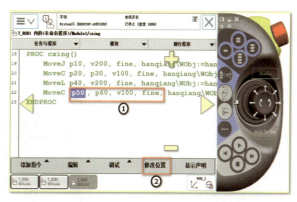

图 2-2-23　p50 修改位置

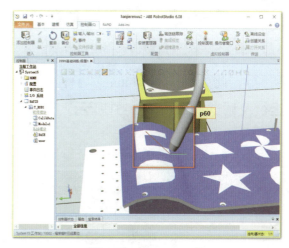

图 2-2-24　p60 点

图 2-2-25　p60 修改位置

2.2.2　程序调试——手动 + 自动

1. 手动调试及运行，单击"调试"选择"PP 移至 Main"将数据指针移动到主程序的首行"chushihua"子程序，如图 2-2-26 所示，单击"运行"按钮进行程序运行调试，可以看到焊枪尖点沿着示教轨迹进行模拟焊接，如图 2-2-27 所示。

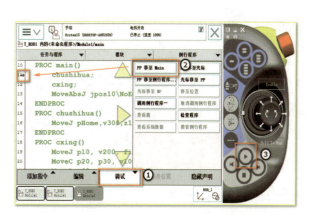

图 2-2-26　"PP 移至 Main"及运行

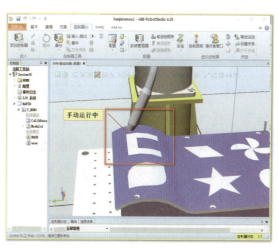

图 2-2-27　模拟焊接

2. 自动调试及运行，单击示教器"模式选择"开关（在真正控制柜上需要搬动模式选择开关进行操作），选择"自动模式"，此时电机会自动关闭，如图 2-2-28 所示。

3. 按下电机上电指示灯按钮，使电机上电，可以看到指示灯亮，并且显示自动模式下电机开启，如图 2-2-29 所示。

图 2-2-28　选择自动模式

图 2-2-29　自动模式下电机开启

4. 单击"PP 移至 Main"将指针指向主程序第一行，此处为"chushihua"子程序，如图 2-2-30 所示，然后单击"运行"按钮，进行自动运行及调试，如图 2-2-31 所示。

图 2-2-30　"PP 移至 Main"及运行

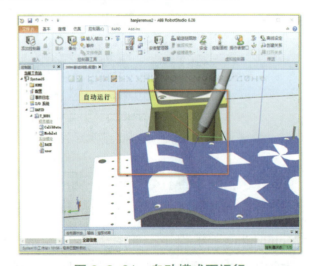

图 2-2-31　自动模式下运行

※ 注意：

1. 自动运行和手动运行在速度方面是不同的，手动运行过程中运动速度的上限是 250 mm/s，然后自动运行状态会根据编程中设定的真实速度进行运行，因此，在自动运行状态下，建议将速度按照百分比升速模式进行调试，以免出现人身或者设备的不安全事故。

2. 在调试过程中，可以选择移动指针，针对个别子程序进行程序调试，待每个子程序运行正常且符合设计要求，再进行整体程序的联调，以保证调试过程的快速、有效。

3. 在调试程序时，如果某个子程序运行过程出现问题，可以使用单步运行来仔细观察程序或者机器人姿态的问题，这样能够保证更为细致地观看每一条程序运行后机器人姿态的正确性，也有利于更有针对性地找到程序的问题及错误。

5. 参考程序如表 2-2-1 所示。

表 2-2-1　参考程序

参考程序（不包含位置信息）	笔　记
 ENDMODULE PROC main ( ) 　　chushihua; 　　cxing; MoveAbsJ jpos10\NoEOffs, v300, z50, hanqiang\WObj:=hanjieguiji; ENDPROC PROC chushihua ( ) 　　MoveJ pHome, v300, z100, hanqiang\WObj:=hanjieguiji; ENDPROC PROC cxing ( ) 　　MoveJ p10, v200, fine, hanqiang\WObj:=hanjieguiji; 　　MoveC p20, p30, v100, fine, hanqiang\WObj:=hanjieguiji; 　　MoveL p40, v200, fine, hanqiang\WObj:=hanjieguiji; 　　MoveC p50, p60, v100, fine, hanqiang\WObj:=hanjieguiji; ENDPROC ENDMODULE	

知识拓展

2.2.3 改变编程速率

VelSet 用于增加或减少所有后续定位指令的编程速率。该执行同时用于使速率最大化。

例 1：VelSet 50，800；

注释：将所有的编程速率降至指令中值的 50%。不允许 TCP 速率超过 800 mm/s。

VelSet Override Max

其中变元 Override，数据类型：num，代表所需速率占编程速率的百分比。100% 相当于编程速率。

Max，数据类型：num，代表最大 TCP 速率，以 mm/s 计。

程序执行后，所有后续定位指令的编程速率受到影响，直至执行新的 VelSet 指令。

在执行过程中，对于参数 Override 的影响。

- speeddata 中的所有速率分量（TCP、方位、旋转和线性外轴）。
- 通过定位指令进行的编程速度覆盖（参数 \V）。
- 定时的移动。

例 2：

VelSet 50，800；

MoveL p1，v1000，z10，tool1；

MoveL p2，v2000，z10，tool1；

MoveL p3，v1000\T:=5，z10，tool1；

注释：点 p1 的速度为 500 mm/s，点 p2 的速度为 800 mm/s。从 p2 移动至 p3 需耗时 10 s。

2.2.4 改变速度数据

speeddata 用于规定机械臂和外轴均开始移动时的速率。

速度数据定义以下速率。

- 工具中心点移动时的速率。
- 工具的重新定位速度。
- 线性或旋转外轴移动时的速率。

当结合多种不同类型的移动时，其中一个速率常常限制所有运动，这将减小其他运动的速率，以便所有运动同时停止执行。同时通过机械臂性能来限制速率，将会使机械臂类型和运动路径而有所不同。

例 1：

VAR speeddata vmedium:= [1000，30，200，15]；

使用以下速率，定义速度数据 vmedium。

注释:
- 对于 TCP,速率为 1000 mm/s。
- 对于工具的重新定位,速率为 30° /s。
- 对于线性外轴,速率为 200 mm/s。
- 对于旋转外轴,速率为 15° /s。

vmedium.v_tcp := 900;

将 TCP 的速率改变为 900 mm/s。

项目三

绘图工作站仿真与实操

绘图工作站主要是工业机器人末端工具夹住笔进行轨迹的模拟，完成对应图形或者字的绘制、书写，可以通过两种方法完成简单图形绘制，一种是手动示教，另一种是轨迹自动生成，这两种方法都会有介绍和实操性指导。同时，在绘图工作站内加入基础I/O配置，为后续的搬运或者码垛工作站打好基础。更为重要的是，通过工件坐标的灵活应用完成因工件出现位移或者旋转的情况下进行程序再利用，节约时间、提高效率的方法，本项目整体结构如图3-0-1及图3-0-2所示。

图 3-0-1　绘图工作站

项目三 绘图工作站仿真与实操
- 任务一 多边形图形绘图仿真
  - 3.1.1 工具坐标建立
  - 3.1.2 工件坐标建立
  - 3.1.3 程序编写及示教
  - 3.1.4 程序调试——手动+自动
- 任务二 绘图工作站综合仿真
  - 3.2.1 配置I/O信号
  - 3.2.2 程序编写及调试
  - 3.2.3 工作站打包及备份
- 任务三 工件坐标的应用
  - 3.3.1 RobotStudio下进行更换工件坐标
  - 3.3.2 示教器下进行更换工件坐标

图 3-0-2　绘图工作站仿真与实操

学习目标

1. 了解绘图工作站的应用。
2. 掌握绘图工作站工具坐标系、工件坐标系的建立。
3. 掌握基础 I/O 配置方法。
4. 掌握自动生成轨迹的方法。
5. 提升学生学习能力,能够对已经掌握的知识有一定的延展性。

知识准备

绘图工作站仿真与实操融合了基础指令的应用,同时加入了常用 I/O 控制指令和逻辑指令的应用,并且读者可以尝试在工业现场经常会用到的写屏、擦屏指令,本项目中重点也是难点的部分是标准 I/O 板的配置和 I/O 信号的设置,知识准备框架如图 3-0-3 所示。

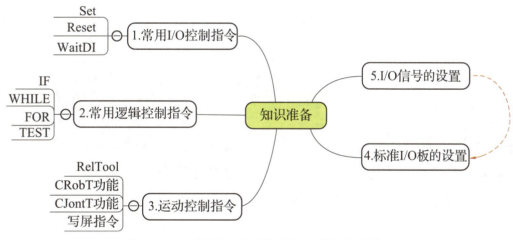

图 3-0-3 绘图工作站仿真与实操知识准备

1. 常用 I/O 控制指令

（1）Set:将数字输出信号置为 1

例如: Set DO10;将数字输出信号 DO10 置为 1。

注释: Set do10 等同于 SetDO do10,1。

（2）Reset:将数字输出信号置为 0

例如: Reset Do10;将数字输出信号 DO10 置为 0。

注释: Reset do10 等同于 SetDO do10,0。另外,SetDO 还可以设置延迟时间:

Set DO\SDelay:=0.2,do10,1;则延迟 0.2 s 后将 do10 置为 1。

（3）WaitDI:等待一个输入信号状态为设定值

例如: WaitDI di10,1;等待数字输入信号 di10 为 1,之后才执行下面的指令。

注释: WaitDi10,1 等同于 Wait Until di10=1。

2. 常用逻辑控制指令

（1）IF：满足不同条件，执行对应程序

例如：

```
IF sig1>1 THEN
    Set DO1;
ENDIF
```

程序含义为 sig 为数值类型变量，其数值如果大于 1，则执行 Set DO1 指令。

（2）WHILE：如果条件满足，则重复执行对应程序

例如：

```
WHILE sig1<sig2 DO
    sig1:=sig1 + 1;
ENDWHILE
```

语句含义为如果变量 sig1<sig2 条件一直成立，则重复执行 sig1+1，直至 sig1<sig2 条件不成立时跳出 While 语句。

（3）FOR：根据指定的次数，重复执行对应程序

例如：

```
FOR I  FROM 1 TO 10 DO
    Routine1;
ENDFOR
```

程序含义为重复执行 10 次 Routine1 里的程序。FOR 指令后面跟的是循环计数值，其不用在程序数据中定义，每次运行一遍 FOR 循环中的指令后会自动执行加 1 操作。

（4）TEST：根据指定变量的判断结果，执行对应程序

例如：

```
TEST reg1
    CASE 1: Routine1;
    CASE 2: Routine2;
    DEFAULT:
    Stop;
ENDTEST
```

判断 reg1 数值，若为 1 则执行 Routine1；若为 2 则执行 Routine2，否则执行 stop。

3. 运动控制指令

（1）RelTool

RelTool 对工具的位置和姿态进行偏移，也可实现角度偏移。

语法：RelTool（Point，Dx，Dy，Dz，[\Rx] [\Ry] [\Rz]）

例如：MoveL RelTool（P10，0，0，100\Rz：=25），v100，fine，tool1\wobj:=wobj1；

以 P10 为基准点，向 Z 轴正方向偏移 100 mm，角度偏 25 度。

（2）CRobT 功能

其功能是读取当前工业机器人目标位置点的信息。

例如：PERS robtarget p10;

P10:= CRobT（\Tool := tool1 \WObj := wobj1）;

读取当前机器人目标点位置数据，指定工具数据位 tool1，工件坐标系数据为 wobj1。若不写括号中的坐标系数据信息，则默认工具数据为 tool0，默认工件坐标系数据为 wobj0。之后将读取的目标点数据赋值给 p10。

（3）CJontT 功能

其功能是读取当前机器人各关节轴旋转角度。

例如：PRES jointtarget joint10;

MoveL *，v500，fine，tool1;

Joint10: =CJontT（）；

（4）写屏指令

其功能是在屏幕上显示需要显示的内容。

TPRease;！屏幕擦除

TPWrite "Attention! The Robot is running!";

TPWrite "The First Running CycleTime is:" \num:=nCycleTime;

假设上一次循环时间 nCycleTime 为 100 s，则示教器上面显示内容为 Attention! The Robot is running! The First Running CycleTime is: 100。

4. 标准 I/O 板的设置

ABB 标准 I/O 板的型号有 DSQC 651、DSQC 652、DSQC 653、DSQC 355A 和 DSQC 377A 等。不同类型的板卡具有数量不等的数字输入、数字输出及模拟量输出通道。但是，无论使用哪种类型的板卡都要进行表 3-0-1 所示的 4 项参数的设置，以地址 10 的 DSQC 652 信号板为例。

表 3-0-1　标准 I/O 板的设置

参数名称	设定值	描述
Name	Board10	设定 I/O 板在系统中的名字
Type of Unit	D652	I/O 板连接的总线
Connected to Bus	DeviceNet	设定 I/O 板连接的总线
DeviceNet Adress	10	设定 I/O 板在总线中的地址

5. I/O 信号的设置

为了实现机器人和外部设备的通信，需要在标准 I/O 板里进行 I/O 信号的设置，设置的内容见表 3-0-2 所示，以地址为 0 的数字输入信号为例。

表 3-0-2　I/O 信号的设置

参数名称	设定值	说明	参数说明
Name	di1	设定数字输入信号的名字	信号名称
Type of Signal	Digital Input	设定信号的种类	信号类型
Assigned to Device	d652	设定信号所在的 I/O 模块	连接到的 I/O 单元
Device Mapping	0	设定信号所占用的地址	I/O 单元的地址

任务一　多边形图形绘图仿真

任务描述

多边形图形绘图可以完成固定图形的绘制或者书写，使用 IRB 120 工业机器人与书写工具完成多边形图形的绘制，在过程中需要建立绘图工具的工具坐标，以及对应绘图平台的工件坐标系，在此基础之上完成程序编写及示教，最终通过手动和自动完成图形的绘制。

任务实施

3.1.1　工具坐标建立

在绘图工作站基本布局中，完成图形 R 的绘制。

1. 在"huitu"工作站内，打开"控制器"选项卡，单击"示教器"下拉菜单内的"虚拟示教器"，如图 3-1-1 所示。

2. 在虚拟示教器上打开"模式选择"开关，将模式选择到"手动模式"，并单击"Enable"使电机上电，如图 3-1-2 所示。

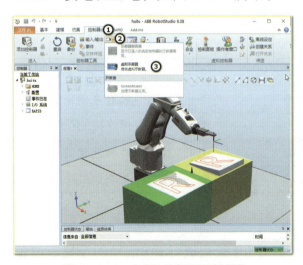

图 3-1-1　打开"虚拟示教器"

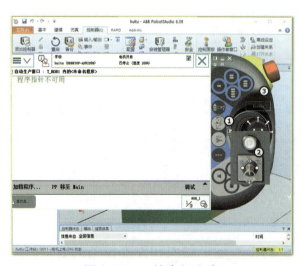

图 3-1-2　使电机上电

3. 在手动状态下，单击示教器上"ABB 菜单"，选择"手动操纵"或选择"程序数据"，再选择"tooldata"，如图 3-1-3 所示。

4. 单击"新建..."并新建工具坐标系，如图 3-1-4 所示。

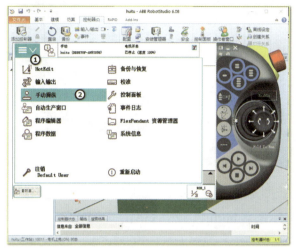

图 3-1-3 手动操纵

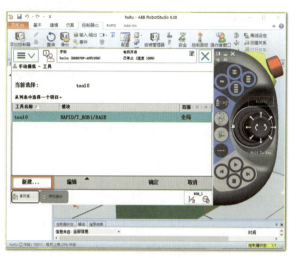

图 3-1-4 新建工具坐标系

5. 在弹出的"新数据声明"窗口中，可以对工具数据属性进行设定，单击"..."后会弹出软键盘，单击可自定义更改工具名称，此处更改为"huitu"，然后单击"确定"，如图 3-1-5 所示。右图中"huitu"则为新建的工具坐标，单击"初始值"进行设置。

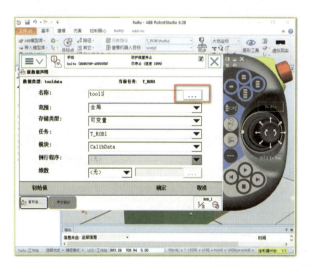
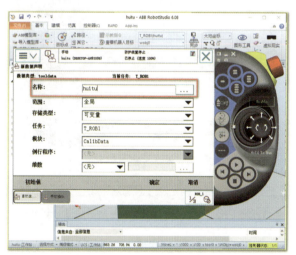

图 3-1-5 工具数据属性设定

6. 单击"向下翻页"按钮找到"mass"，其含义为对应工具的质量，单位为 kg，此处将 mass 的值更改为 1.0。单击"mass"，在弹出的键盘中输入"1.0"，单击"确定"，如图 3-1-6 所示。

7. x、y、z 为工具中心基于 tool0 的偏移量，单位为 mm，此处 x 值、y 值不变，z 值更改为 1，然后单击"确定"返回到工具坐标系窗口，如图 3-1-7 所示。

图 3-1-6　工具的质量

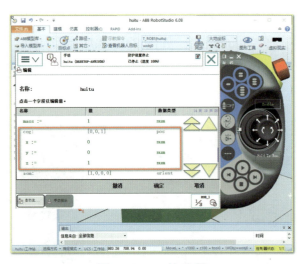

图 3-1-7　偏移量

8. 在"工具坐标"窗口，选择新建的工具坐标系"huitu"，然后单击"编辑"在弹出的菜单栏中选择单击"定义"，如图 3-1-8 所示。

9. 单击"定义方法"，在下拉菜单中"TCP 和 Z，X"是采用六点法来设定 TCP，其中"TCP（默认方向）"为四点法设定 TCP，"TCP 和 Z"为五点法设定 TCP，如图 3-1-9 所示。

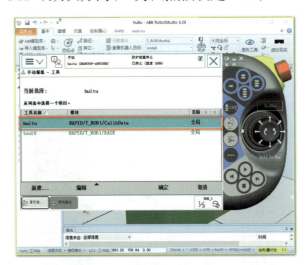

图 3-1-8　选择新建工具坐标系"huitu"

图 3-1-9　定义方法选择

10. 按下示教器使能键"Enable"，使用摇杆手动操纵机器人以任意姿态使工具参考点靠近并接触上锥形基准点尖点，然后把当前位置作为第 1 点，如图 3-1-10 所示。

11. 确认第 1 点到达理想的位置后，在示教器上，单击选择"点 1"，然后单击"修改位置"，修改并保存当前位置，如图 3-1-11 所示。

12. 利用摇杆手动操纵机器人交换另一个姿态使工具参考点靠近并接触上锥形基准点尖点。把当前位置作为第 2 点（注意：机器人姿态变化越大，则越有利于 TCP 点的标定），如图 3-1-12 所示。

13. 确认第 2 点到达理想的位置后，在示教器上单击选择"点 2"，然后单击"修改位置"，修改并保存当前位置，如图 3-1-13 所示。

图 3-1-10 第 1 点

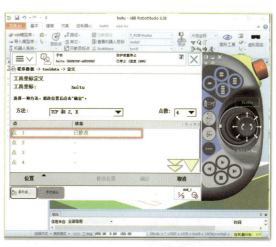

图 3-1-11 第 1 点修改位置

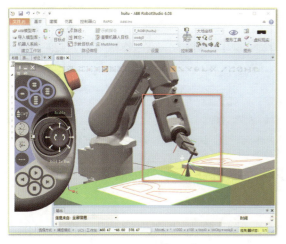

图 3-1-12 第 2 点

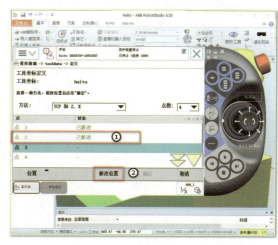

图 3-1-13 第 2 点修改位置

14. 利用摇杆手动操纵机器人变换另一个姿态，使用同样的方法，将第 3 点位置进行定义，如图 3-1-14 所示。

15. 确认第 3 点到达理想的位置后，在示教器上单击选择"点 3"，然后单击"修改位置"修改并保存当前位置，如图 3-1-15 所示。

图 3-1-14 第 3 点

图 3-1-15 第 3 点修改位置

16. 手动操纵机器人使工具的参考点接触到并垂直接触上锥形基准点尖点，如图3-1-16所示，把当前位置作为第4点。

> ※ 此处一定谨记工具参考点要垂直接触锥形基准点尖点才可以进行修改位置。

17. 确认第4点到达理想的位置后，在示教器上单击选择"点4"，然后单击"修改位置"修改并保存当前位置，如图3-1-17所示。

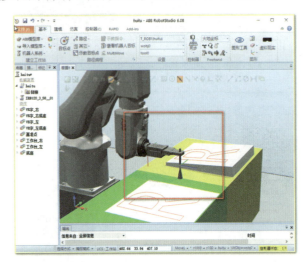

图3-1-16　第4点

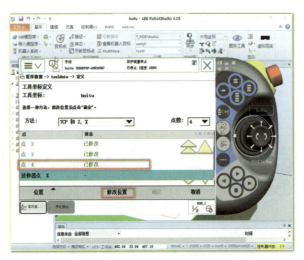

图3-1-17　第4点修改位置

18. 以"点4"为固定点，在线性模式下，手动操纵机器人运动向前移动一定距离，作为+X方向，如图3-1-18所示。

19. 在示教器操作窗口单击选择"延伸器点X"，然后单击"修改位置"，修改并保存当前位置（使用4点法、5点法设定TCP时不用设定此点），如图3-1-19所示。

图3-1-18　延伸器点X

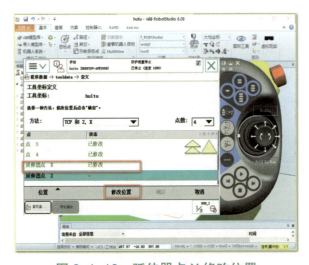

图3-1-19　延伸器点X修改位置

20. 以"点4"为固定点，在线性模式下，手动操纵机器人运动向上移动一定距离，作为+Z方向，如图3-1-20所示。

21. 单击选择"延伸器点Z"，然后单击"修改位置"，如图3-1-21所示。

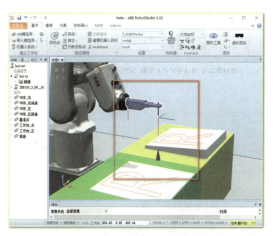

图 3-1-20　延伸器点 Z　　　　　　图 3-1-21　延伸器点 Z 修改位置

22. 机器人会根据所设定的位置自动计算 TCP 的标定误差，当平均误差在 0.5 mm 以内时，才可以单击"确定"进入下一步，否则需要重新标定 TCP，如图 3-1-22 所示。

23. 单击选择"huitu"，单击"确定"，选定已经建立的工具坐标系，如图 3-1-23 所示。在"手动操纵"窗口，将"huitu"设定为工具坐标系，单击"动作模式"，如图 3-1-24 所示。

24. 选择"重定位"，单击"确定"返回"手动操纵"，如图 3-1-25 所示。

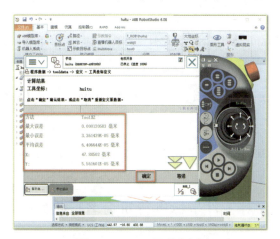

图 3-1-22　误差标定　　　　　　图 3-1-23　选定工具坐标系"huitu"

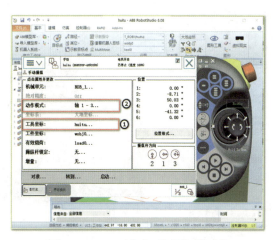
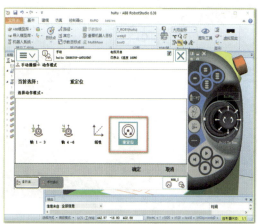

图 3-1-24　设定"动作模式"　　　　图 3-1-25　选定"重定位"模式

25. 按下使能键"Enable",将工具焊枪工作点对准锥形基准点尖点,用手拨动机器人手动操纵摇杆,检测机器人是否围绕 TCP 点运动。如果机器人围绕 TCP 点运动,则 TCP 标定成功;如果没有围绕 TCP 点运动或者距离运动过程远离基准点,则需要进行重新标定,如图 3-1-26 所示。

图 3-1-26　验证工具坐标系

3.1.2　工件坐标建立

在之前的项目中使用了示教器完成工件坐标的示教,这种方法与实际操作工业机器人建立工件坐标的方法是完全一样的,在本任务中,将会使用 RobotStudio 中的另外一种方法来建立工件坐标系,但是万变不离其宗,根本方法还是使用三点法来进行建立,具体步骤如下。

1. 在"基本"选项卡单击"其它",在下拉菜单中单击"创建工件坐标",如图 3-1-27 所示。

2. 对工件数据属性进行设定,可单击"…",对工件坐标进行重命名,此处更改为"wobj1",单击"确定",如图 3-1-28 所示。

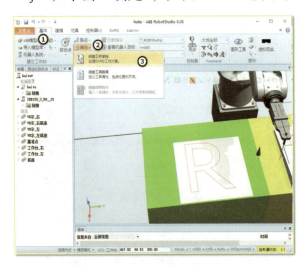 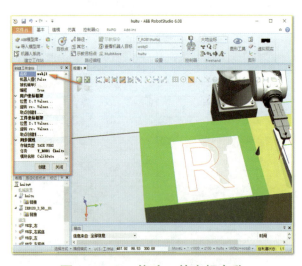

图 3-1-27　新建工件坐标　　　　　　　图 3-1-28　修改工件坐标名称

3. 选定"wobj1"工件坐标系，单击"取点创建框架"，在弹出的菜单栏中单击"三点"，如图 3-1-29 所示。

4. 在显示工件坐标定义窗口，单击"捕捉对象"方便一会儿选点，然后单击取点框架中的"X 轴上的第一个点"，再单击绘制模型工作台上的"十字取点"形状 X1 点，如图 3-1-30 所示。

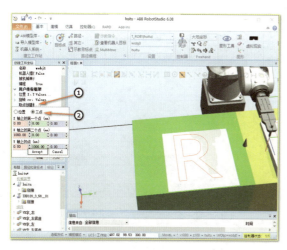

图 3-1-29　三点法建立坐标

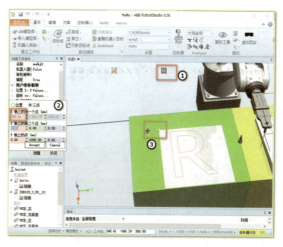

图 3-1-30　选取 X1 点

5. 单击取点框架中的"X 轴上的第二个点"，再单击绘制模型工作台上的"十字取点"形状 X2 点，如图 3-1-31 所示。

6. 单击取点框架中的"Y 轴上的点"，再单击绘制模型工作台上的"十字取点"形状 Y 点，如图 3-1-32 所示，然后单击"Accept"完成工件坐标的创建，完成后可以看到图 3-1-33 的红色方框中的名为"wobj1"的新建工件坐标已经完成。

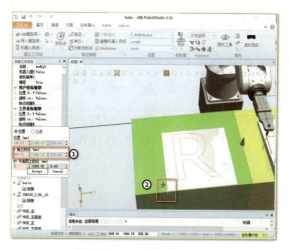

图 3-1-31　选取 X2 点

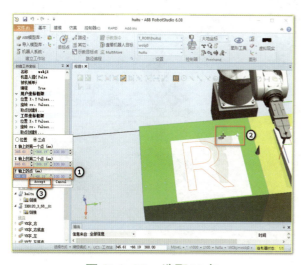

图 3-1-32　选取 Y 点

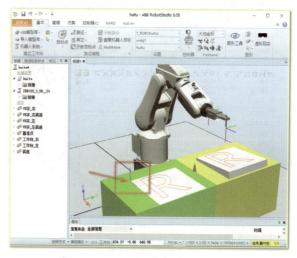

图 3-1-33　完成新建工件坐标

7. 测试工件坐标系的准确性，在"基本"选项卡下，单击"同步"菜单栏下的"同步到RAPID"，如图3-1-34所示，然后打开图3-1-35所示内容，单击"确定"进行同步。

图3-1-34 同步工件坐标到RAPID

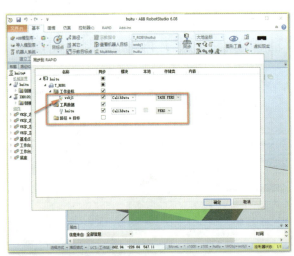

图3-1-35 "确定"进行同步

8. 同步完成后打开虚拟示教器，可以看到在工件坐标中已经完成的wobj1，同样也可以看到wobj1坐标，如图3-1-36所示，在此处选定该坐标并确定。

9. 在"手动操纵"下将"动作模式"选为"线性"，其"工具坐标"选为"huitu"，"工件坐标"选为新建的工件坐标系"wobj1"。按下使能键"Enable"，用手拨动机器人手动操纵摇杆，观察在工件坐标系下移动的方式，如图3-1-37所示。

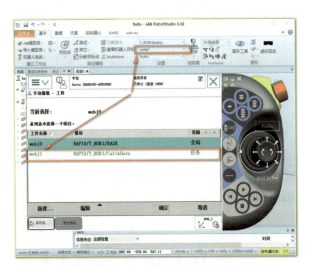

图3-1-36 选定wobj1坐标

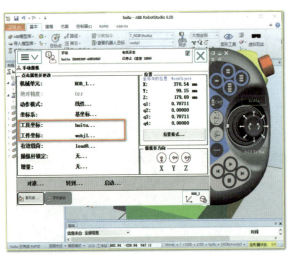

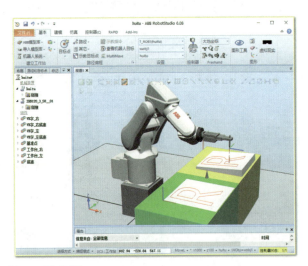

图3-1-37 验证工件坐标

3.1.3 程序编写及示教

程序的创建方法有两种,一种是与实际操作工业机器人基本相同的使用示教器进行编写程序并示教的方法,这种方法对于后续学习真正工业机器人实操有一定的帮助,另外一种是通过RobotStudio软件直接进行轨迹的示教或者轨迹的自动生成,此处对第一种方法作详细的介绍。

1.打开"虚拟示教器"下拉菜单,单击"程序编辑器",打开"模块"窗口,单击"程序模块",再单击"显示模块",如图3-1-38所示。

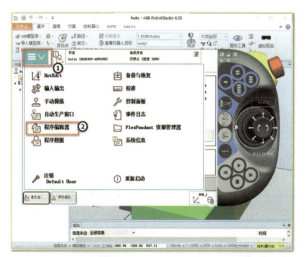

图3-1-38 显示模块

2.在程序模块下,单击"例行程序",打开"模块"窗口,单击"程序模块",再单击"显示模块",此时可以看到新建例行程序,单击"新建例行程序…"进行程序的创建,如图3-1-39所示。

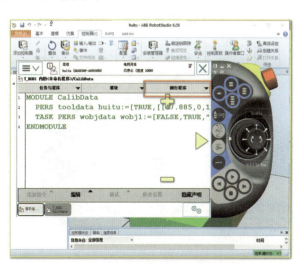
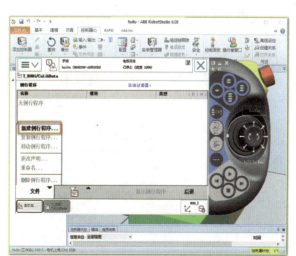

图3-1-39 新建例行程序

3.在例行程序中创建主程序"main"、子程序"chushihua""huitugzz",如图3-1-40所示。

4.单击"main"主程序,进入主程序,如图3-1-41所示。

图 3-1-40 搭建程序框架

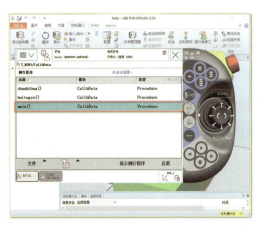
图 3-1-41 进入 main 程序

5. 在"main"中，单击"SMT"，单击"ProCall"指令来调用两个子程序，如图 3-1-42 所示。

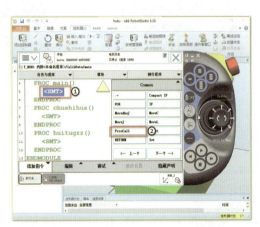

图 3-1-42 ProCall 指令

6. 在 RobotStudio 界面中，使用示教器将机器人置于图中初始位置（一定保证绘图笔垂直于工作台平面），如图 3-1-43 所示。在图 3-1-44 中，单击"MoveJ"指令，进行初始化程序编写。

图 3-1-43 初始位置　　　　　　　　　　图 3-1-44 创建"MoveJ"指令

7. 在"MoveJ"指令内，将 v1000 速度改为 v200，再单击图 3-1-45 中的"*"，创建初始化点的位置 phome，如图 3-1-46 所示，并且单击"修改位置"将这个位置的数据保存下来。

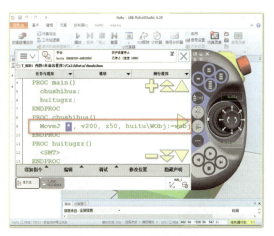
图 3-1-45　修改速度

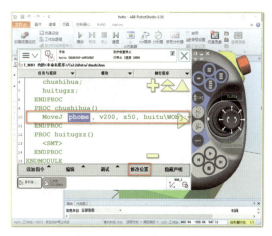
图 3-1-46　修改位置

8. 在子程序 huitugzz 内，创建第一个起始点"p10"，并单击"修改位置"进行数据保存，如图 3-1-47 所示。

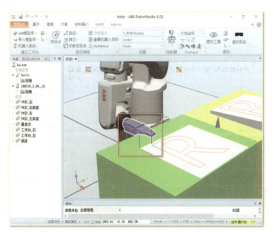

图 3-1-47　示教 p10 点

9. 使用 MoveL 指令，创建第二个点"p20"，此处将转弯半径 z50 改为精确达到 fine，单击"修改位置"进行数据保存，如图 3-1-48 所示。

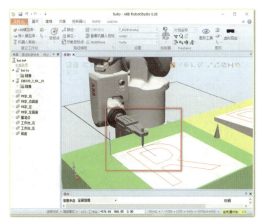
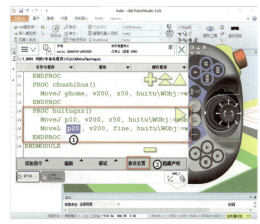

图 3-1-48　示教 p20 点

10. 使用 MoveC 指令，创建第三个点"p30"，该点在圆弧中为过渡点，单击"修改位置"进行数据保存，如图 3-1-49 所示。

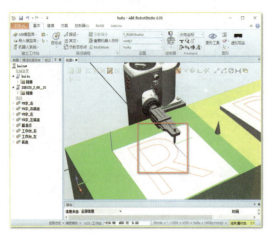 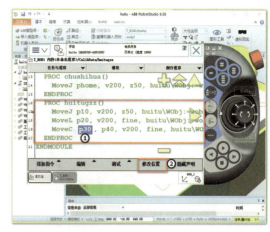

图 3-1-49　示教 p30 点

11. 使用 MoveC 指令，创建第四个点"p40"，该点在圆弧中为圆弧终点，此处为精确达到 fine，单击"修改位置"进行数据保存，如图 3-1-50 所示。

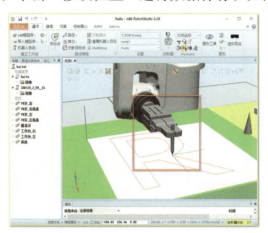 

图 3-1-50　示教 p40 点

12. 使用 MoveL 指令，创建第五个点"p50"，此处为精确达到 fine，单击"修改位置"进行数据保存，如图 3-1-51 所示。

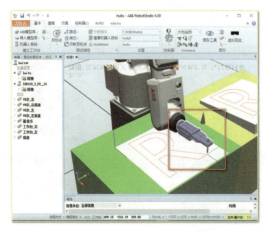 

图 3-1-51　示教 p50 点

13. 使用 MoveL 指令，依次完成点"p50"至"p100"，此处均为精确达到 fine，如图 3-1-52 所示，至此，所有程序编写完成。

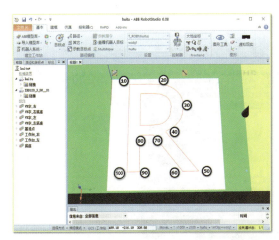 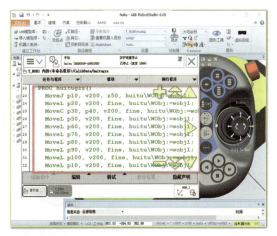

图 3-1-52　示教剩余位置

3.1.4　程序调试——手动＋自动

1. 手动运行程序，此时工具限速为 250 mm/s，在虚拟示教器中单击"调试"，选择"PP 移至 Main"，可以看到指针已经指向主程序的第一个子程序"chushihua"，如图 3-1-53 所示。

2. 自动运行程序，此时工具速度为实际编程速度，在虚拟示教器中单击"模式开关"，切换到"自动模式"，单击"确定"，如图 3-1-54 所示。

图 3-1-53　PP 移至 Main　　　　　　　　图 3-1-54　切换"自动模式"

3. 单击"上电"指示灯，使电机开启，如图 3-1-55 所示。

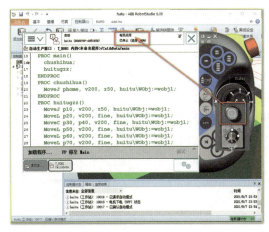 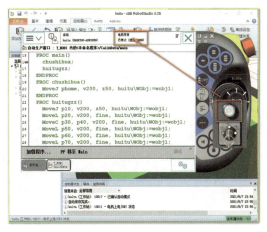

图 3-1-55　电机开启

4. 单击"运行"按钮，自动运行绘图程序，如图 3-1-56 所示。

图 3-1-56　自动运行绘图程序

5. 参考程序如表 3-1-1 所示。

表 3-1-1　参考程序

参考程序（不包含位置信息）	笔记

`MODULE CalibData`
 	
　　`PROC main ( )`
　　　　`chushihua;`
　　　　`huitugzz;`
　　`ENDPROC`
 	
　　`PROC chushihua ( )`
　　　　`MoveJ phome, v200, z50, huitu\WObj:=wobj1;`
　　`ENDPROC`
 	
　　`PROC huitugzz ( )`
　　　　`MoveJ p10, v200, z50, huitu\WObj:=wobj1;`
　　　　`MoveL p20, v200, fine, huitu\WObj:=wobj1;`
　　　　`MoveC p30, p40, v200, fine, huitu\WObj:=wobj1;`
　　　　`MoveL p50, v200, fine, huitu\WObj:=wobj1;`
　　　　`MoveL p60, v200, fine, huitu\WObj:=wobj1;`
　　　　`MoveL p70, v200, fine, huitu\WObj:=wobj1;`
　　　　`MoveL p80, v200, fine, huitu\WObj:=wobj1;`
　　　　`MoveL p90, v200, fine, huitu\WObj:=wobj1;`
　　　　`MoveL p100, v200, fine, huitu\WObj:=wobj1;`
　　　　`MoveL p10, v200, fine, huitu\WObj:=wobj1;`
　　`ENDPROC`
`ENDMODULE`	

知识拓展

3.1.5 启用仿真监控

仿真监控命令用于在仿真期间通过画一条跟踪 TCP 的彩线而目测机器人的关键运动。

在"仿真"选项卡上，单击"TCP 跟踪"打开对话框，如图 3-1-57 所示。在 TCP 跟踪选项卡上选中使用 TCP 跟踪复选框，为所选机器人启用 TCP 跟踪。如有需要，更改轨迹长度和颜色，此处设定为红色。单击播放，就可以看到 TCP 跟踪轨迹，如图 3-1-58 所示。

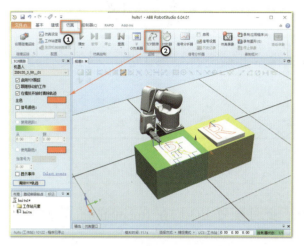

图 3-1-57　TCP 跟踪对话框

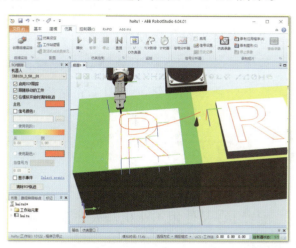

图 3-1-58　完成 TCP 跟踪

3.1.6 创建碰撞监控

1. 单击仿真选项卡下的"创建碰撞监控"，将需要检测碰撞的两个物体"huitu""VR 字_左底座"拖拽到"ObjectsA"和"ObjectsB"之中，如图 3-1-59 所示。

2. 设定碰撞距离，此处为"0"mm，设定碰撞后的颜色接近丢失颜色，以此来判断绘图是否能完成，单击"启动"则碰撞监控设置完毕，最后单击"播放"就可以看到碰撞监控的效果，如图 3-1-60 所示。

图 3-1-59　创建碰撞监控

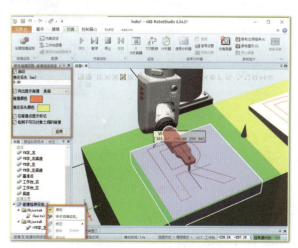

图 3-1-60　碰撞监控效果

任务二　绘图工作站综合仿真

任务描述

多边形图形绘图综合仿真能够完成外部 I/O 配置，通过外部 I/O 信号控制工业机器人的运行、停止，以及通过指示灯了解工业机器人的运行状态。同时，在此综合实训工作站，绘图轨迹是通过自动生成轨迹完成，能更有效地提高编程效率。最后通过打包工作站，将已经完成的工作站进行保存使用。

具体工作任务为按下外部启动按钮，绘图工作站开始进行绘图工作，并且运行指示灯亮，按下外部停止按钮，绘图工作站停止运行。

任务实施

3.2.1　配置 I/O 信号

配置 I/O 是使用工业机器人非常重要的技能，此处配置 I/O 均在 RobotStudio 的虚拟示教器下进行。

1. 在 RobotStudio 下，打开"虚拟示教器"下拉菜单，单击"控制面板"，如图 3-2-1 所示。

2. 在控制面板下，将示教器更改为"手动模式"，单击"配置"，进入配置 I/O 信号，如图 3-2-2 所示。

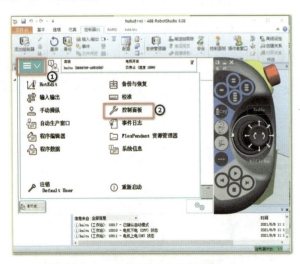

图 3-2-1　打开"控制面板"

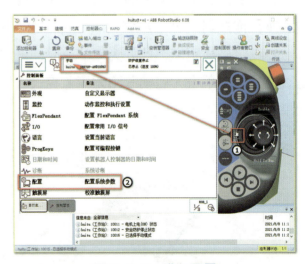

图 3-2-2　进入配置

3. 进入 I/O System 界面，单击"DeviceNet Device"，进行 I/O 信号板的配置，单击"显示全部"，如图 3-2-3 所示。

4. 在 DeviceNet Device 界面，单击"添加"添加 I/O 信号板，如图 3-2-4 所示。

图 3-2-3 信号配置

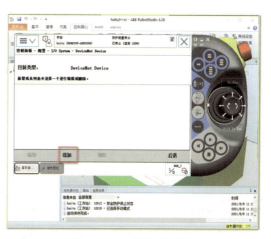

图 3-2-4 添加信号板

5. 在添加界面，选择下拉菜单下的"DSQC 652 24 VDC I/O Device"，如图 3-2-5 所示。

6. 在 DSQC 652 界面，单击"Adress"I/O 信号板地址设定为"10"，单击"确定"，如图 3-2-6 所示。

图 3-2-5 添加 I/O 信号板

图 3-2-6 I/O 信号板地址

7. 在 I/O System 界面，单击"Signal"，再单击"显示全部"进入信号配置，如图 3-2-7 所示。

8. 进入 Signal 界面后，单击"添加"，进行信号的添加，如图 3-2-8 所示。

图 3-2-7 信号配置

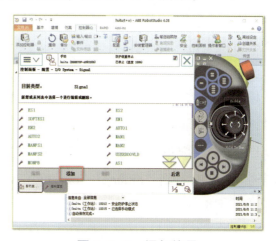

图 3-2-8 添加信号

9. Name 为"qidong"作为启动控制信号，Type of Signal 为"Digital Input"作为输入信号，Assigned to Device 为"d652"，说明该信号是在这个名为"d652"信号板上接通，Device Mapping 设置为"0"，设定"qidong"的地址为"0"，单击"确定"，选择不重启，等待全部信号设置完毕后重启，如图 3-2-9 所示。

10. 使用同样的方法，设置输入信号"tingzhi"，地址为"1"，如图 3-2-10 所示。

图 3-2-9 "qidong"信号

图 3-2-10 "tingzhi"信号

11. 此处"tingzhi"信号可以直接控制机器人电机断电状态，将"tingzhi"信号直接与电机的"Motors Off"信号连接，配置方法如图 3-2-11 所示。

图 3-2-11 "Motors Off"信号

12. Name 为"yunxingL"作为运行信号，Type of Signal 设置为"Digital Output"作为输出信号，Device Mapping 设置为"0"，"确定"后重启，如图 3-2-12 所示。

13. 单击"虚拟示教器"下拉菜单，进入"输入输出"界面，单击"视图"，再单击"全部信号"，可以看到"qidong""tingzhi""yunxingL"信号，如图 3-2-13 所示，至此 I/O 配置完毕。

项目三 绘图工作站仿真与实操

图 3-2-12 "yunxingL"信号

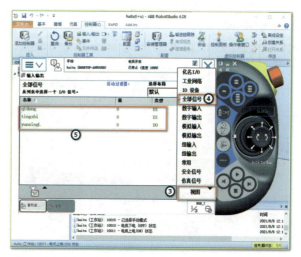

图 3-2-13 输入输出

3.2.2 程序编写及调试

在绘图工作站基本布局中，完成图形"R"的绘制。

1. 在 RobotStudio 软件中，打开"基本"选项卡，单击"路径"创建两个"空路径"，更改名称为"main""chushihua"，如图 3-2-14 所示。

2. 需要绘制的图形"R"，采用自动生成轨迹的方法，单击"路径"创建"自动路径"，如图 3-2-15 所示。

3. 单击自动路径窗口的"来自曲线"，然后依次单击 R 图形的边框，参照面选择（Face）-VR 字_左底座，然后创建路径，如图 3-2-16 所示。

4. 在工件坐标 & 目标点中右键单击"查看目标处工具"，勾选当前工具"huitu"，可以看到图中现在工具的姿态，如图 3-2-17 所示，图中部分点的工具姿态有问题。

91

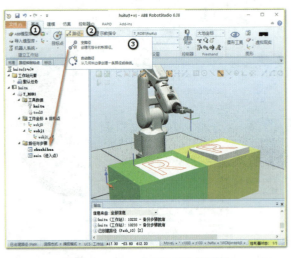

图 3-2-14 创建"空路径"

图 3-2-15 创建"自动路径"

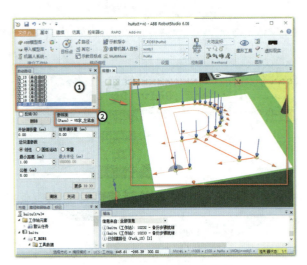

图 3-2-16 生成自动路径

图 3-2-17 查看目标处工具

5. 部分工具姿态不正确，打开"wobj1"下"Target_10"，单击右键"复制方向"，如图 3-2-18 所示，用这个方向来调整所有工具姿态，然后再全选所有点，单击"应用方向"，如图 3-2-19 所示。

图 3-2-18 复制方向

图 3-2-19 应用方向

6. 在"Path_10"单击右键，更改名称为"huitugzz"，选择"自动配置"，再单击"线性/圆周移动指令"，对所作出的程序进行优化，如图3-2-20所示，在图3-2-21中能够看出所有路径均可到达（提示：此处绘图的第一个点可以使用关节指令MoveJ来完成）。

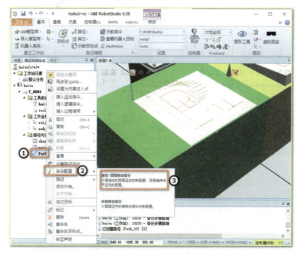

图3-2-20 优化程序

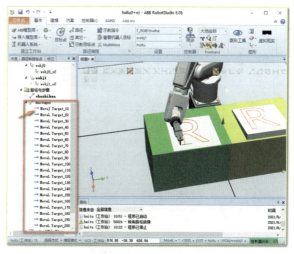

图3-2-21 优化后路径

7. 调整工业机器人到初始状态，在"chushihua"子程序插入运动指令，并将初始化点修改为"Phome"，关节指令到达，如图3-2-22所示。

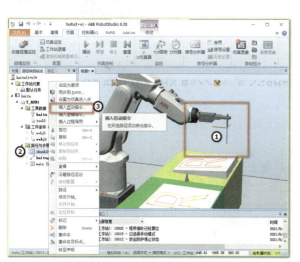

图3-2-22 "chushihua"子程序

8. 在主程序"main"右键单击"插入过程调用"，勾选"chushihua""huitugzz"，如图3-2-23所示。

9. 在主程序"main"右键单击"插入逻辑指令"，如图3-2-24所示。

10. 在创建逻辑指令窗口，单击"指令模板"，选择"WaitDI"，在下拉框中可以看到已经配制好的"qidong"信号，此处Value选择"1"，表示信号为1时继续运行，如图3-2-25所示。

11. 在主程序"main"右键单击"插入逻辑指令"，如图3-2-26所示。

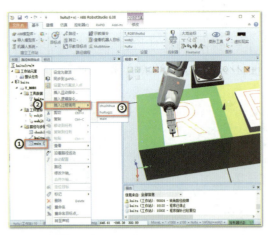

图 3-2-23 调用子程序

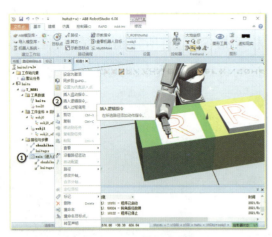

图 3-2-24 插入逻辑指令

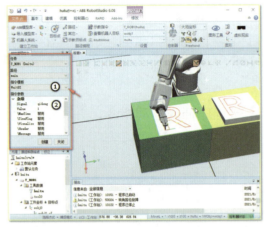

图 3-2-25 调用子程序

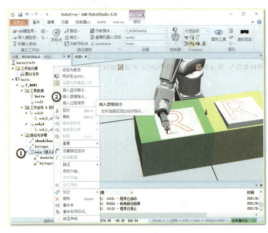

图 3-2-26 插入逻辑指令

12. 通过调整程序逻辑，如图 3-2-27 所示，在此单击"仿真"选项卡，选择"I/O 仿真器"，调出 I/O 窗口，可以看到已经配置好的 I/O 信号。

13. 单击"播放"，在 I/O 仿真器中选择"d652"设备，单击"qidong"信号，可以看到"yunxingL"信号灯亮，同时机器人开始绘图，如果此时单击"tingzhi"则机器人停止，如图 3-2-28 所示。

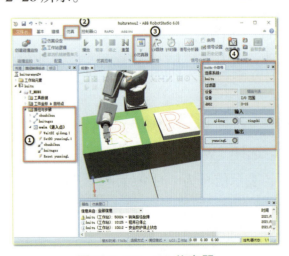

图 3-2-27 I/O 仿真器

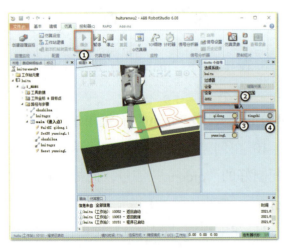

图 3-2-28 播放运行

14. 在图 3-2-28 中的运行轨迹中可以看出，有些地方的轨迹不是很精确，主要是因为转弯半径的选择有问题，全选绘图的指令，单击右键，选择"编辑指令"，如图 3-2-29 所示。在图 3-2-30 中，将 Target_10 和 Target_20、Target_150 到 Target_200 转弯半径设置为精确到达"fine"，从 Target_30 到 Target_140 转弯半径均设置为 5 mm，这样能够保证直线部分精确到达，圆弧部分运行平滑，完成后的轨迹如图 3-2-31 所示。转弯半径的调整必须根据现场图形的精确程度、运行速度来进行设置，这里由于是虚拟仿真，在速度上没有进行单独设置，均设置为 1000 mm/s，如果是在实际运行过程中，必须进行降速处理，而且直线和圆弧的速度需要进行区别，一方面可以保证操作人员和设备的安全，另一方面也可以提高轨迹绘制精确率。

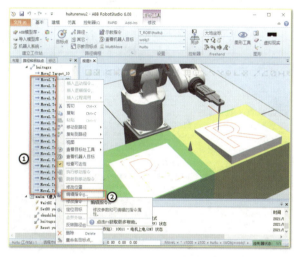

图 3-2-29 编辑指令

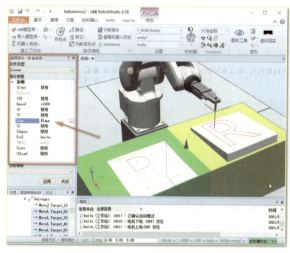

图 3-2-30 精确到达

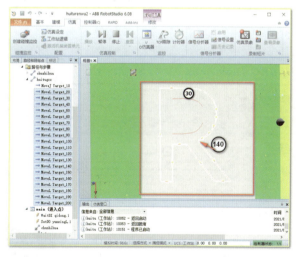

图 3-2-31 最终运行效果

15. 可以使用虚拟示教器进行程序的调试，单击下拉菜单，进入"程序编辑器"，如图 3-2-32 所示。

16. 在程序编辑器界面，将工作模式设置为"手动模式"，单击"Enable"使电机上电，可以看到示教器端已经显示"手动 电机开启"，如图 3-2-33 所示。

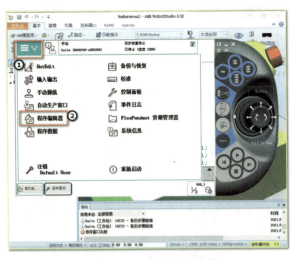

图 3-2-32　程序编辑器

图 3-2-33　使电机上电

17. 在程序编辑器界面，单击"调试"，将"PP 移至 Main"，可以看到指针已经移动到主程序第一行，此时单击运行按钮，即可运行该程序，至此绘图工作站综合仿真调试结束，如图 3-2-34 所示。

3.2.3　工作站打包及备份

1. 工作站的备份对于后续恢复工作站的重要数据非常有帮助，在此需要单击"控制器"选项卡，单击"备份"，选择"创建备份…"，选择位置和备份名称，如图 3-2-35 所示。

图 3-2-34　运行程序

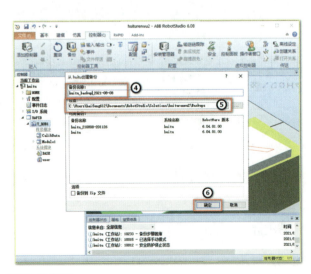

图 3-2-35　工作站备份

2. 工作站的打包是将已经完成的工作站的模型、程序、数据按照设计的逻辑关系作为整体工作站保存下来，单击"文件"选项卡，单击"共享"，选择"打包"，如图 3-2-36 所示。进行设置打包的地址，如图 3-2-37 所示。

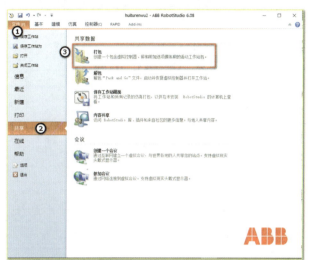

图 3-2-36　打包文件

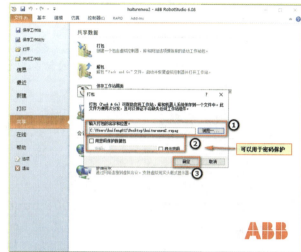

图 3-2-37　打包地址

3. 在"文件"选项卡还可以选择"共享""保存工作站画面"，如图 3-2-38 所示。

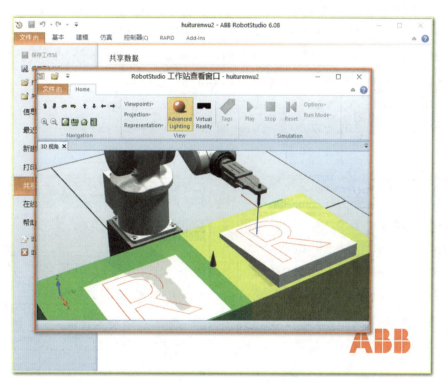

图 3-2-38　工作站画面

4. 参考程序如表 3-2-1 所示。

表 3-2-1 参考程序

参考程序（不包含位置信息）	笔 记
| ```
PROC main ( )
    WaitDI qidong, 1;
    SetDO yunxingL, 1;
    chushihua;
    huitugzz;
    Reset yunxingL;
ENDPROC
PROC chushihua ( )
    MoveJ Phome, v1000, z100, huitu\WObj:=wobj1;
ENDPROC
PROC huitugzz ( )
    MoveJ Target_10, v1000, z100, huitu\WObj:=wobj1;
    MoveL Target_20, v1000, fine, huitu\WObj:=wobj1;
    MoveL Target_30, v1000, z5, huitu\WObj:=wobj1;
    MoveL Target_40, v1000, z10, huitu\WObj:=wobj1;
    MoveL Target_50, v1000, z10, huitu\WObj:=wobj1;
    MoveL Target_60, v1000, z10, huitu\WObj:=wobj1;
    MoveL Target_70, v1000, z10, huitu\WObj:=wobj1;
    MoveL Target_80, v1000, z10, huitu\WObj:=wobj1;
    MoveL Target_90, v1000, z10, huitu\WObj:=wobj1;
    MoveL Target_100, v1000, z10, huitu\WObj:=wobj1;
    MoveL Target_110, v1000, z10, huitu\WObj:=wobj1;
    MoveL Target_120, v1000, z10, huitu\WObj:=wobj1;
    MoveL Target_130, v1000, z10, huitu\WObj:=wobj1;
    MoveL Target_140, v1000, z10, huitu\WObj:=wobj1;
    MoveL Target_150, v1000, fine, huitu\WObj:=wobj1;
    MoveL Target_160, v1000, fine, huitu\WObj:=wobj1;
    MoveL Target_170, v1000, fine, huitu\WObj:=wobj1;
    MoveL Target_180, v1000, fine, huitu\WObj:=wobj1;
    MoveL Target_190, v1000, fine, huitu\WObj:=wobj1;
    MoveL Target_200, v1000, fine, huitu\WObj:=wobj1;
ENDPROC
``` | |
```

知识拓展

3.2.4 节拍优化

在搬运或者码垛过程中，影响工作效率最关键的因素是每一个运动周期的节拍，在程序中通常可以在以下几个方面对节拍进行优化。

1. 整个机器人的搬运或者码垛系统布局要合理，使取料点和放料点尽可能近，优化夹具，减轻重量，缩短夹具开合时间；尽可能缩短机器人空运行的时间，在保证安全的前提下，减少过渡点；合理运用 MoveJ 指令代替 MoveL 指令。

2. 程序中尽量少用 WaitTime 等待时间指令，为了保证工件可在夹具上添加反馈信号，利用 WaitDI 指令，当等待条件满足时则立即执行。

3. 擅于运用 Trigg 触发指令，使机器人在准确的位置触发事件，以便在机器人速度不衰减的情况下准确执行动作。

任务三　工件坐标的应用

任务描述

多边形图形绘图工件坐标的应用是指当由于现场承载工件工作台发生偏移或者旋转，通过改变工件坐标就可以免去重新编程的麻烦，从而节省了编程、示教的时间。如图3-0-1所示，图中两个"R"形轨迹，两个"R"均在相同的工作台上，但是当绘制轨迹需要从左图变换到右图时，只需要更改工件坐标就可以，不需要重新进行编程。

任务实施

更换工件坐标有两种方法，一种方法是在 RobotStudio 环境下使用虚拟仿真的方法变换工件坐标，这种方法非常简单，可以大大提高编程效率；另一种方法是在实际适用环境下使用示教器进行工件坐标的重新定义，然后进行重新调试。这两种方法在这个任务里都会接触到。

3.3.1　RobotStudio 下进行更换工件坐标

1. 在 RobotStudio 下，打开任务 2 完成的工作站，可看到"wobj1"，如图 3-3-1 所示。

2. 右键单击"wobj1"，在下拉菜单中单击"修改工件坐标…"，如图 3-3-2 所示。

3. 在修改工件坐标窗口中，用户坐标框架下单击"取点创建框架"选择"三点"，如图 3-3-3 所示。

4. 单击"X 轴上第一个点"，使用"选择部件""捕捉末端"，在图 3-3-4 中选中"X1"点。

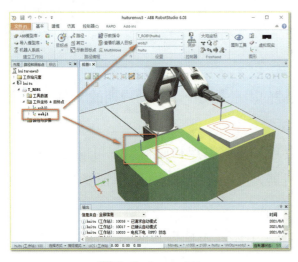

图 3-3-1　wobj1

图 3-3-2　修改工件坐标

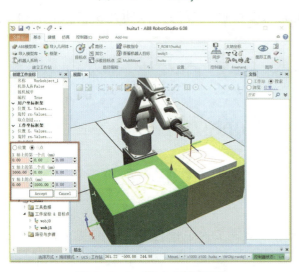

图 3-3-3　取点创建框架

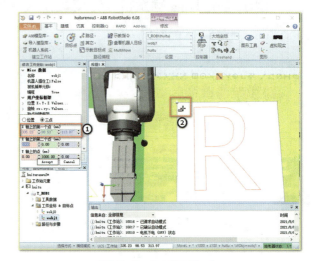

图 3-3-4　"X1"点

5. 单击"X 轴上第二个点",使用"选择部件""捕捉末端",在图 3-3-5 中选中"X2"点。

6. 单击"Y 轴上的点",使用"选择部件""捕捉末端",在图 3-3-6 中选中"Y"点,再单击"Accpet",生成新的工件坐标"wobj1",如图 3-3-7 所示新旧工件坐标的对比。

图 3-3-5　"X2"点

图 3-3-6　"Y"点

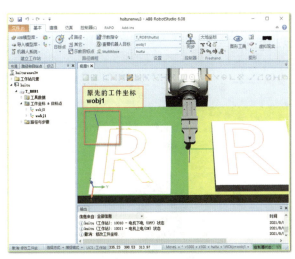
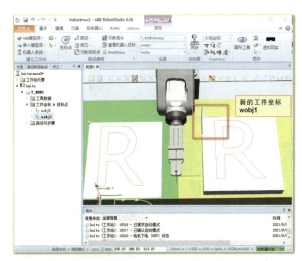

图 3-3-7　新旧工件坐标对比

7. 由于工件坐标的变更导致原有程序不能到达或者出现奇点现象，如图 3-3-8 所示。

8. 在"chushihua"子程序上右键单击，下拉菜单中选择"修改位置"，由于这个工作站工具处于初始位置，不需要再次进行示教，如图 3-3-9 所示。

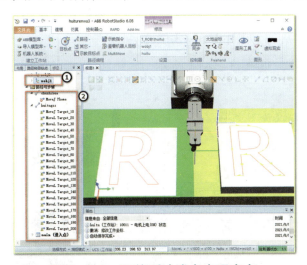
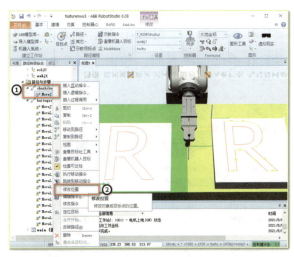

图 3-3-8　不能到达或者出现奇点　　　　图 3-3-9　chushihua 修改位置

9. 右键单击"huitugzz"子程序，在下拉菜单中单击"自动配置"，选择"线性/圆周移动指令"进行优化，优化后的程序如图 3-3-10 所示。

10. 在 RobotStudio 软件上基本选项卡下，单击"同步"，"同步到 RAPID..."，把已经更改好的程序同步到 RAPID 中，便可正常运行，如图 3-3-11 所示。

11. 单击仿真选项卡下的"播放"，再单击"I/O 仿真器"，选择"d652"系统，单击

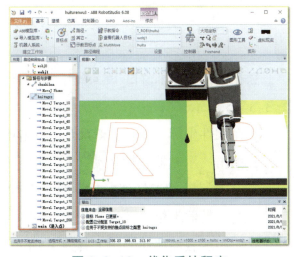

图 3-3-10　优化后的程序

"qidong"信号，可以看到"yunxingL"信号灯亮，机器人开始绘制图形。在同步到RAPID对话框中，全部勾选，然后单击"确定"，如图3-3-12所示。

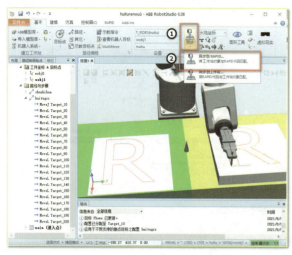

图3-3-11 同步到RAPID

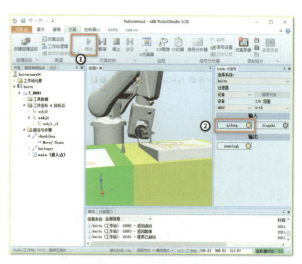

图3-3-12 同步到RAPID程序

3.3.2 示教器下进行更换工件坐标

1. 在示教器下，打开下拉菜单单击"手动操纵"，如图3-3-13所示。

2. 在手动操纵界面，单击工件坐标"wobj1..."，如图3-3-14所示。

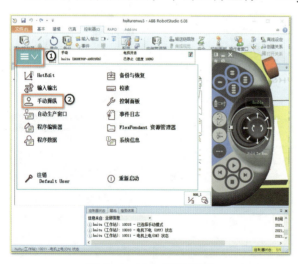

图3-3-13 手动操纵

图3-3-14 修改工件坐标

3. 在当前wobj1窗口下，单击"wobj1""编辑""定义..."，进行重新定义工件坐标，如图3-3-15所示。

4. 在工件坐标wobj1定义界面，单击用户方法选择"3点"，如图3-3-16所示。

5. 单击"示教器线性运动"和"重定位运动模式"开关，选择"线性运动"，如图3-3-17所示，移动绘图工具到X轴上第一个点，如图3-3-18所示。

6. 在示教器上单击"修改位置"，保存X轴上第一个点，如图3-3-19所示。

7. 使用示教器移动绘图工具到X轴上第二个点，如图3-3-20所示。

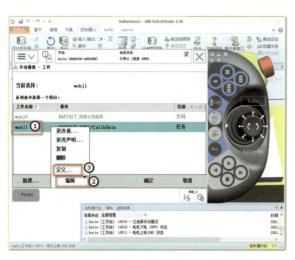

图 3-3-15 重新定义工件坐标

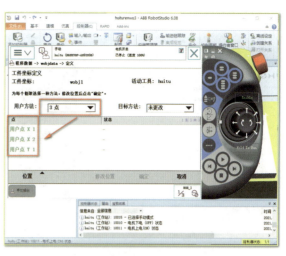

图 3-3-16 选择"3 点"

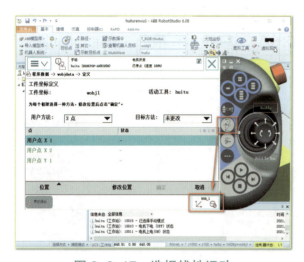

图 3-3-17 选择线性运动

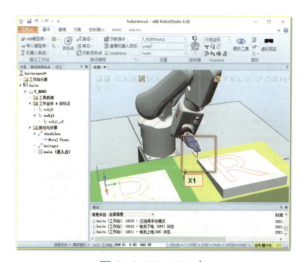

图 3-3-18 X1 点

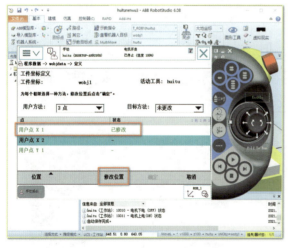

图 3-3-19 X1 修改位置

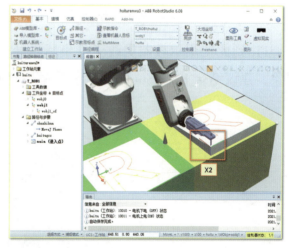

图 3-3-20 X2 点

8. 在示教器上选择"用户点 X2"单击"修改位置",保存 X 轴上第二个点,如图 3-3-21 所示。

9. 使用示教器移动绘图工具到 Y 轴上的点,如图 3-3-22 所示。

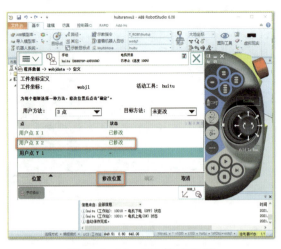
图 3-3-21 X2 修改位置

图 3-3-22 Y 点

10. 在示教器上选择"用户点 Y1"单击"修改位置",保存 Y 轴上的点,并单击"确定"如图 3-3-23 所示,完成工件坐标的更改后出现如图 3-3-24 所示,单击"确定"即可使用。

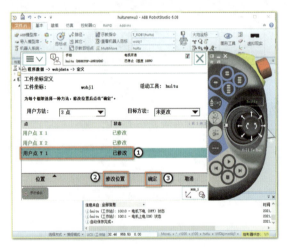
图 3-3-23 Y 点修改位置

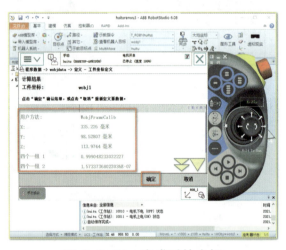
图 3-3-24 完成后的坐标

11. 到此使用示教器更改工件坐标已经完毕,但是会出现轴配置出错或者超出工作范围现象,建议结合 RobotStudio 进行轴配置或者如图 3-3-25 所示逐个更改坐标点进行轴配置。

图 3-3-25 轴配置

12. 参考程序如表 3-3-1 所示。

表 3-3-1 参考程序

参考程序（不包含位置信息）	笔记
| ```
PROC main ( )
    WaitDI qidong, 1;
    SetDO yunxingL, 1;
    chushihua;
    huitugzz;
    Reset yunxingL;
ENDPROC
PROC chushihua ( )
    MoveJ Phome, v1000, z100, huitu\WObj:=wobj1;
ENDPROC
PROC huitugzz ( )
    MoveJ Target_10, v1000, z100, huitu\WObj:=wobj1;
    MoveL Target_20, v1000, fine, huitu\WObj:=wobj1;
    MoveL Target_30, v1000, z5, huitu\WObj:=wobj1;
    MoveL Target_40, v1000, z10, huitu\WObj:=wobj1;
    MoveL Target_50, v1000, z10, huitu\WObj:=wobj1;
    MoveL Target_60, v1000, z10, huitu\WObj:=wobj1;
    MoveL Target_70, v1000, z10, huitu\WObj:=wobj1;
    MoveL Target_80, v1000, z10, huitu\WObj:=wobj1;
    MoveL Target_90, v1000, z10, huitu\WObj:=wobj1;
    MoveL Target_100, v1000, z10, huitu\WObj:=wobj1;
    MoveL Target_110, v1000, z10, huitu\WObj:=wobj1;
    MoveL Target_120, v1000, z10, huitu\WObj:=wobj1;
    MoveL Target_130, v1000, z10, huitu\WObj:=wobj1;
    MoveL Target_140, v1000, z10, huitu\WObj:=wobj1;
    MoveL Target_150, v1000, fine, huitu\WObj:=wobj1;
    MoveL Target_160, v1000, fine, huitu\WObj:=wobj1;
    MoveL Target_170, v1000, fine, huitu\WObj:=wobj1;
    MoveL Target_180, v1000, fine, huitu\WObj:=wobj1;
    MoveL Target_190, v1000, fine, huitu\WObj:=wobj1;
    MoveL Target_200, v1000, fine, huitu\WObj:=wobj1;
ENDPROC
``` | |

知识拓展

3.3.3 TriggIO——定义有关设置机械臂移动路径

TriggIO 用于定义有关设置机械臂移动路径，triggdata 用于储存有关机械臂移动期间定位事件的数据。一起定位事件的具体形式既可以是设置一个输出信号，也可以是在机器人移
```

动路径上的某特定位置处运行一则中断例程。为定义有关定位事件应对措施的条件，使用 triggdata 类变量。

例：

```
VAR triggdata gunon;
TriggIO gunon, 0.2\Time\DOp:=gun, 1;
TriggL p1, v500, gunon, fine, gun1;
```

注释：当 TCP 位于点 p1 前 0.2 秒时，将数字信号输出信号 gun 设置为值 1，如图 3-3-26 所示。

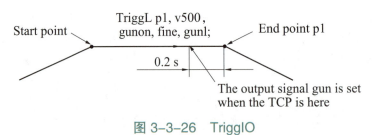

图 3-3-26　TriggIO

3.3.4　TriggL——关于事件的机械臂线性运动

当机械臂正在进行线性移动时，TriggL（Trigg Linear）用于设置输出信号和 / 或在固定位置运行中断程序。

例：

```
VAR triggdata
TriggIO gunon, 0 \Start \DOp:=gun, 1;
MoveJ p1, v500, z50, gun1;
TriggL p2, v500, gunon, fine, gun1;
```

注释：当机械臂的 TCP 通过点 p1 路径中点时，设置数字信号输出信号 gun，如图 3-3-27 所示。

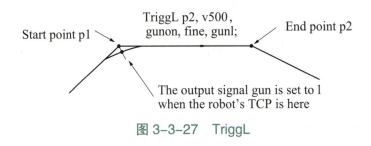

图 3-3-27　TriggL

3.3.5　TriggC——关于事件的机械臂圆周移动

当机械臂正在圆周路径上移动时，TriggC（Trigg Circular）用于设置输出信号和 / 或在固定位置运行中断程序。

例：

```
VAR triggdata gunon;
TriggIO gunon, 0 \Start \DOp:=gun, 1;
MoveL p1, v500, z50, gun1;
TriggC p2, p3, v500, gunon, fine, gun1;
```

当机械臂的 TCP 通过点 p1 角路径中点时，设置数字信号输出信号 gun，如图 3-3-28 所示。

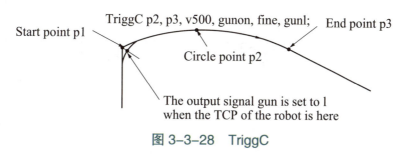

图 3-3-28　TriggC

3.3.6　TriggJ——关于事件的轴式机械臂运动

当无须以直线移动时，在机械臂迅速从一点移动至另一点的同时，TriggJ（Trigg Joint）用于在大致固定位置设置输出信号和 / 或运行中断程序。

例：

VAR triggdata gunon；

TriggIO gunon，0 \Start \DOp:=gun，1；

MoveL p1，v500，z50，gun1；

TriggJ p2，v500，gunon，fine，gun1；

当机械臂的 TCP 通过点 p1 角路径中点时，设置数字信号输出信号 gun，如图 3-3-29 所示。

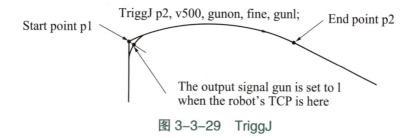

图 3-3-29　TriggJ

项目四

搬运工作站仿真与实操

搬运工作站主要是工业机器人末端使用吸盘，完成正方形、椭圆形、六边形、圆形物料的取料、放料的搬运工作，本项目总共分为两个任务，正方形物料的搬运和多种物料搬运的综合仿真。

两个任务采用不同的编程方法进行介绍，针对任务一，可以通过在工业机器人仿真软件 RobotStudio 中实现 I/O 配置、建立工具坐标系、建立工件坐标系、建立 Smart 组件、正方形物料搬运编程与调试，这个任务的编程方法使用基础的偏移指令（Offs）来完成。任务二的综合仿真相对复杂，需要完成四种形状共计 16 块物料的搬运，使用循环指令、条件判断指令、偏移指令共同完成搬运工作，相对任务一而言逻辑性更为复杂，具体结构如图 4-0-1 所示。

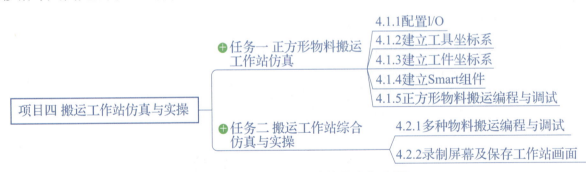

图 4-0-1　搬运工作站的仿真与实操

 学习目标

1. 学会工业机器人常用 I/O 板 DSQC 652 的设置方法。
2. 学会工业机器人 I/O 信号的设置方法。
3. 学会使用软件在离线状态下进行工具坐标及工件坐标的建立。
4. 学会 Offs、WaitTime、WHILE 等指令的应用。
5. 培养学生综合程序调试能力，提升学生分析程序解决问题的能力。

知识准备

搬运工作站的仿真与实操主要是重复性完成不同位置物料的搬运,因此在编程过程中可以采用偏移指令来完成频繁示教的工作,一方面提高工作位置的准确性,另一方面能够大量节省示教工作的时间。同时,为了实现更好的仿真效果,可以将动画效果加入仿真工作站之中,这就需要 Smart 组件发挥其作用,本项目的知识准备框架,如图 4-0-2 所示。

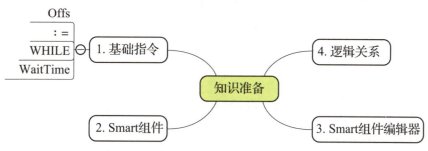

图 4-0-2 搬运工作站的仿真与实操知识准备

1. 基础指令

(1) Offs

Offs 用于在一个机械臂位置的工件坐标系中添加一个偏移量。

例 1:MoveL Offs(p2,0,0,10),v1000,z50,tool;! 将机械臂移动至距位置 p2 的 Z 方向 10 mm 处。

例 2:p1 := Offs(p1,5,10,15);! 机械臂位置 p1 沿 x 方向移动 5 mm,沿 Y 方向移动 10 mm,且沿 Z 方向移动 15 mm。

例 3:制定一个有关托盘拾料零件的程序。将各托盘定义为一个工件,如图 4-0-3 所示。将待拾取零件(行和列),以及零件之间的距离作为输入参数。在程序外实施行和列指数的增值。通过定义一个工件,指定可表明托盘位置和方位的图。

图 4-0-3 Offs 指令应用

```
PROC pallet (num row, num column, num distance, PERS tooldata tool, PERS wobjdata wobj)
   VAR robtarget palletpos:=[[0, 0, 0], [1, 0, 0, 0], [0, 0, 0, 0], [9E9, 9E9, 9E9, 9E9, 9E9, 9E9]];
   palettpos := Offs(palettpos,(row-1)*distance,(column-1)*distance, 0);
   MoveL palettpos, v100, fine, tool\WObj:=wobj;
ENDPROC
```

（2）: =

该指令的含义是分配一个数值。":="指令用于向数据分配新值。该值可以是一个恒定值，亦可以是一个算术表达式，例如，reg1+5*reg3。

例 1：reg1 := 5；! 将 reg1 指定为值 5。

例 2：reg1 := reg2 – reg3；! 将 reg1 的值指定为 reg2–reg3 的计算结果。

例 3：counter := counter + 1；! 将 counter 增加 1。

例 4：tool1.tframe.trans.x := tool1.tframe.trans.x + 20；! 将 tool1 的 TCP 在 X 方向移动 20 mm。

例 5：pallet{5,8} := Abs(value)；! 向 pallet 矩阵中的元素分配等于 value 变量绝对值的值。

（3）WHILE

该指令的含义是只要条件为真便重复执行其内部程序。当重复一些指令时，使用 WHILE。

例：WHILE reg1 < reg2 DO

...

reg1 := reg1 + 1；

ENDWHILE

只要 reg1 < reg2，则重复 WHILE 块中的指令。

（4）WaitTime

该指令用于等待给定的时间。该指令亦可用于等待，直至机械臂和外轴静止。

例 1：WaitTime 0.5；! 程序执行等待 0.5 s。

例 2：WaitTime \InPos，0；! 程序执行进入等待，直至机械臂和外轴静止。

WaitTime [\InPos] Time。

其中 [\InPos] 为 In Position，数据类型: switch。

如果使用该参数，则在开始统计等待时间之前，机械臂和外轴必须静止。如果本任务控制机械单元，则仅可使用该参数。

其中 Time，数据类型: num。

程序执行等待的最短时间（以秒计）为 0 s。最长时间不受限制。分辨率为 0.001。

程序执行暂时停止规定的时间。中断处理和其他类似的函数，否则，其仍然有效。在手动模式下，如果等待时间大于 3 s，则将弹出一个报警框，询问你是否想要模拟本指令。如果你不想报警框出现，则可将系统参数 Controller/System Misc./Simulate Menu 设置为 0。

2. Smart 组件

Smart 组件是 RobotStudio 对象（以 3D 图像或不以 3D 图像表示），该组件动作可以由代码或/和其他 Smart 组件控制执行，如图 4-0-4 所示。

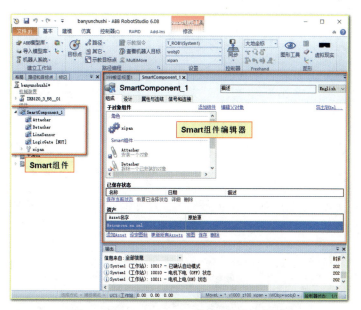

图 4-0-4 Smart 组件及组件编辑器

3. Smart 组件编辑器

使用智能组件编辑器可以在图形用户界面创建、编辑和组合 Smart 组件，是使用 xml 编译器的替代方式，如图 4-0-4 所示。

Smart 组件编辑器布局包括图标、名称、对组件的描述（可以在文本框或组合框中键入文字来编辑描述）。在组合框中可以选择编辑一些部件所需的语言（如标题和描述），但默认的语言始终为英语，即使应用程序使用其他语言。

4. 逻辑关系

在使用 Smart 组件时会涉及两个逻辑关系，分别是工作站逻辑关系和 Smart 组件内部逻辑关系。工作站逻辑关系主要是将工业机器人系统 I/O 信号与 Smart 组件 I/O 信号连接，如图 4-0-5 所示。Smart 组件内部逻辑关系，主要是完成其内部不同组件之间的逻辑关系设计，比如传感器、安装对象、拆除对象的逻辑关系的设计，如图 4-0-6 所示。两个逻辑关系必须完美配合，并且在 RAPID 程序的逻辑作用下才可以仿真出正确的工作现象。

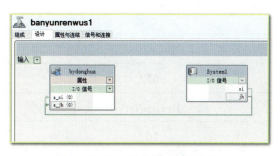

图 4-0-5 工作站逻辑关系

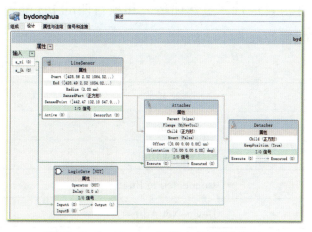

图 4-0-6 Smart 组件内部逻辑关系

任务一 正方形物料搬运工作站仿真

 **任务描述**

搬运工作站可以完成物料的取料、放料等搬运工作,该任务使用 IRB 120 工业机器人与吸盘工具完成正方形物料的搬运,在过程中需要配置 I/O、建立吸盘工具坐标系、建立搬运物料工作台的工件坐标系、建立 Smart 组件,程序的编写与调试,最终完成正方形物料的搬运工作,如图 4-1-1 所示。

图 4-1-1 正方形物料搬运工作站

 **任务实施**

4.1.1 配置 I/O

在项目三中介绍了如何在 RobotStudio 软件中使用虚拟示教器进行配置 I/O,其方法与真正的操纵工业机器人基本上是一样的,在项目四中配置 I/O 的方法将会完全使用 RobotStudio 软件仿真进行,虽然项目三和项目四的 I/O 配置方法不同,但是根本原理都是一样的,其具体配置如表 4-1-1 所示。

表 4-1-1 I/O 单元参数

参数名称	设定值
Name	Board10
Type of Unit	d652
Connected to Bus	DeviceNet
DeviceNet Adress	10

1. 在"banyunrenwu1"工作站内,打开"控制器"选项卡,单击"配置"下拉菜单内的"I/O System",进行 I/O 信号板的配置,如图 4-1-2 所示。

2. 在"I/O System"内,右键单击"DeviceNet Device",在右侧窗口右键单击"新建 DeviceNet Device...",创建一个新的标准信号板,如图 4-1-3 所示。

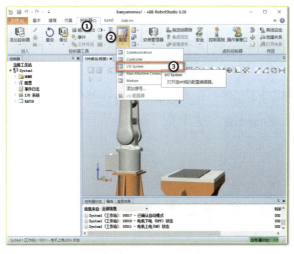

图 4-1-2　I/O System

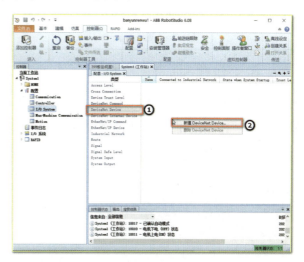

图 4-1-3　新建 DeviceNet Device

3. 在实例编辑器窗口,单击"使用来自模板的值"下拉菜单内的"DSQC 652 24 VDC I/O Device",如图 4-1-4 所示。

4. 在该界面中按照表 4-1-1 将 Name 设置为"Board10",代表地址为 10 的信号板;将 Adress 设置为"10",代表这个信号板在总线通信过程中的地址为"10",其余信息在选择 DQSC 652 信号板之后会自动生成,单击"确定"后,重启就可以完成 I/O 信号板的配置,如图 4-1-5 所示。

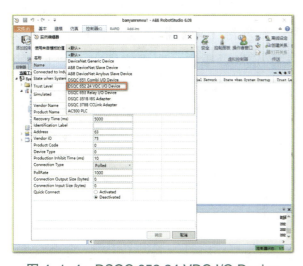

图 4-1-4　DSQC 652 24 VDC I/O Device

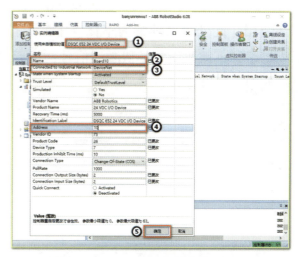

图 4-1-5　完成 I/O 信号板的配置

5. I/O 信号的配置,这里使用的吸盘只需要一个输出信号就可以控制,因此本任务中只有数字输出信号,按照表 4-1-2 进行配置,在"I/O System"内,右键单击"Signal"(信号),在右侧窗口右键单击"新建 Signal...",创建一个新的数字输出信号,如图 4-1-6 所示。

表 4-1-2 I/O 单元参数

参数名称	设定值
Name	xi
Type of Signal	Digital Output
Assigned to Device	Board10
Device Mapping	16

6. 在"新建 Signal"窗口内，按照表 4-1-2 将 Name 设置为"xi"表示为吸盘动作，Type of Signal（信号类型）设置为数字输出"Digital Output"，Assigned to Device（归属到设备）选择"Board10"，即刚刚配置好的 I/O 信号板 Board10，这个数字输出信号的地址 Device Mapping 设置为"16"，如图 4-1-7 所示。

图 4-1-6 新建 Signal

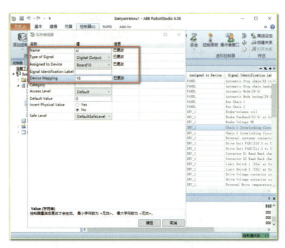

图 4-1-7 "xi" 数字输出信号

7. 在图 4-1-8 中，使用同样的方法创建"jh"数字输出信号用作激活"Attacher"Smart 组件使用，此处可以理解为本任务中的虚拟信号，在实际工业机器人操作过程中，此步骤可以忽略，不需要设置类似激活信号，然后单击"确定"并重启，完成信号"xi""jh"的配置，如图 4-1-9 所示。

图 4-1-8 "jh" 信号

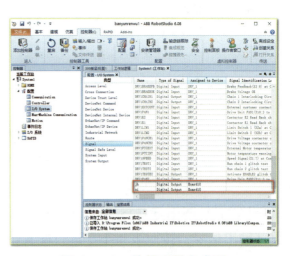

图 4-1-9 信号配置完成后

4.1.2 建立工具坐标系

1. 在 RobotStudio 软件中的基本选项卡下单击"其它"在下拉菜单中选择"创建工具数据",如图 4-1-10 所示。

2. 在创建工具数据窗口中,将名称改为"xipan",重量改为"1"kg,重心默认使用"0,0,1",如图 4-1-11 所示。

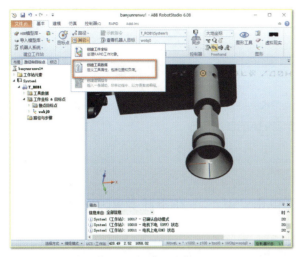

图 4-1-10　创建工具数据

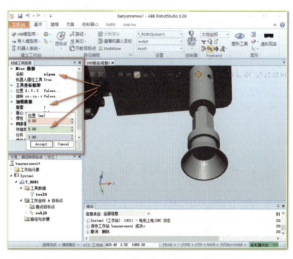

图 4-1-11　命名工具为"xipan"

3. 在"创建工具数据"窗口中,在视图窗口中选择"选择部件""捕捉中心",然后"创建工具数据""位置"中的 X,选择吸盘中心位置以此来选定创建工具坐标框架的位置,单击"Accept"确认,单击"创建"来完成工具坐标的创建,如图 4-1-12 和图 4-1-13 所示。

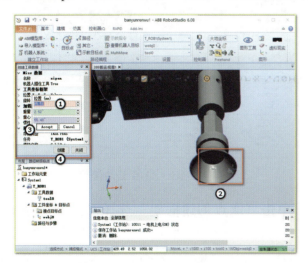

图 4-1-12　工具坐标框架

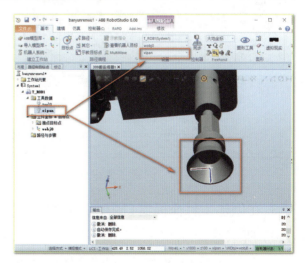

图 4-1-13　完成后的工具坐标

4. 为了保证 RAPID 中的工具数据与工作站中的数据同步,此处需要将工作站中刚刚建立的工具坐标系同步到 RAPID 之中,在"基本"选项卡下,单击"同步"下拉菜单下的"同步到 RAPID...",并且勾选所有选项,单击"确定",将数据同步到 RAPID 之中,如图 4-1-14 所示。

 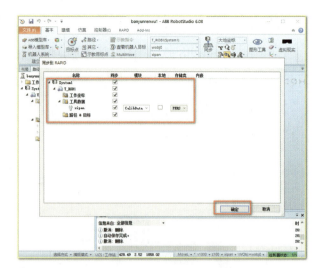

图 4-1-14　同步到 RAPID

4.1.3　建立工件坐标系

1. 在 RobotStudio 软件中的"基本"选项卡下单击"其它"在下拉菜单中选择"创建工件坐标",如图 4-1-15 所示。

2. 在"创建工件坐标"窗口中,将名称修改为"banyun",如图 4-1-16 所示。

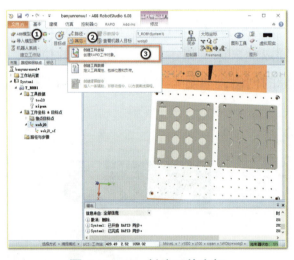 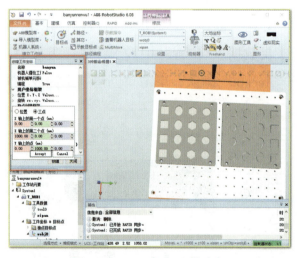

图 4-1-15　创建工件坐标　　　　　　　图 4-1-16　命名工件坐标

3. 在创建工件坐标窗口中,用户坐标框架下单击"取点创建框架"选择"三点",如图 4-1-17 所示。

4. 单击"X 轴上的第一个点",使用"选择部件""捕捉末端",在图 4-1-17 中选中"X1"点,此处由于搬运工作站的平台没有固定的选择点,选择模型中固定处安装圆孔的圆心为基准点。

5. 单击"X 轴上的第二个点",使用"选择部件""捕捉末端",在图 4-1-18 中选中"X2"点。

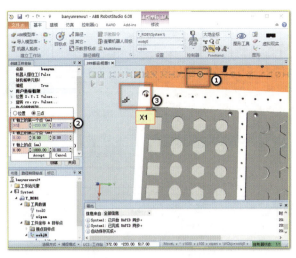
图 4-1-17 "X1" 点

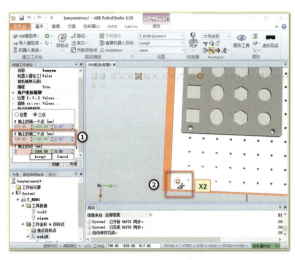
图 4-1-18 "X2" 点

6. 单击"Y 轴上的点",使用"选择部件""捕捉末端",在图 4-1-19 中选中"Y"点,再单击"Accpet""创建"即可生成新的工件坐标"banyun",如图 4-1-20 所示。

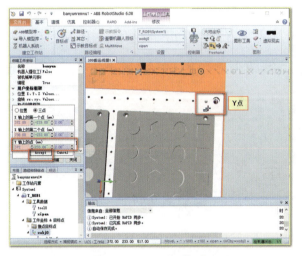
图 4-1-19 "Y" 点

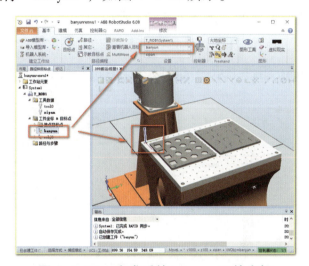
图 4-1-20 完成后的 banyun 工件坐标

4.1.4 建立 Smart 组件

Smart 在仿真过程中能够增强动画效果,由于此次搬运工作站的工业机器人 IRB 120 在搬运过程中需要实现取料和放料的真实性,就需要物料块随着吸盘进行搬和放的动作,因此需要加入 Smart 组件来实现这个效果。如果在工业机器人实际操作过程中,就不需要建立 Smart 组件。

一、创建 Smart 组件

1. 在 RobotStudio 软件中的"建模"选项卡下单击"创建"下拉菜单内的"Smart 组件",如图 4-1-21 所示。

2. 在资源浏览器窗口,将 Smart 组件的名称重新命名为"bydonghua"(搬运动画),然后将名为"xipan"的工具拖拽到名为"bydonghua"的 Smart 组件下,准备进行 Smart 编辑组件,如图4-1-22所示。

图4-1-21 打开Smart组件

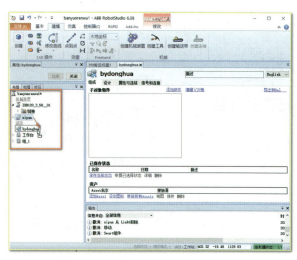

图4-1-22 重命名Smart组件

3.在资源浏览器窗口，右键单击"bydonghua"在下拉菜单中选择"编辑组件"进入组件编辑界面，如图4-1-23所示。

4.在"bydonghua"Smart窗口中，将"xipan"工具右键单击"设定为Role"让这个Smart组件继承一部分吸盘工具的特性，如图4-1-24所示。

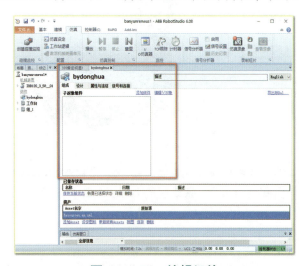

图4-1-23 编辑组件

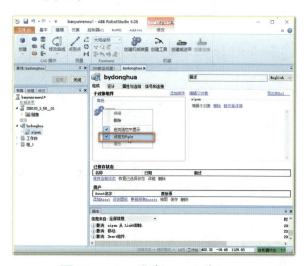

图4-1-24 设定xipan为Role

二、创建LineSensor传感器组件

1.在子对象组件中，单击"添加组件"，选择"LineSensor"创建传感器组件，如图4-1-25所示。

2.在LineSensor属性窗口中，单击"Start"中的X点，然后选择视图窗口中的"捕捉圆心"，再选择"开始点"，如图4-1-26所示。

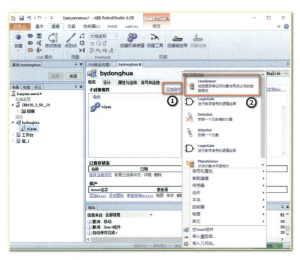

图 4-1-25　创建 LineSensor

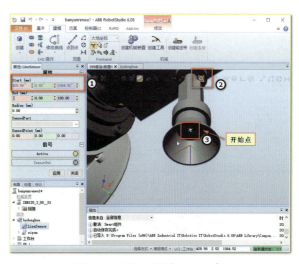

图 4-1-26　设定 start 点

3. 在 LineSensor 属性窗口中，传感器半径"Radius"设置为 3 mm，激活信号"Active"设置为 1，单击"End"中的 X 点，然后选择视图窗口中的"捕捉圆心"，如图 4-1-27 所示。

※ 但是，这里须谨记：为了能让吸盘上的传感器检测出来，被吸取物料必须将该传感器探出吸盘，因此需要手动改变这个位置的 Z 轴坐标，此处将原先取点所得的"End"中的 Z 点减小 4 mm，使其能够探出吸盘，然后单击"应用"即可，如图 4-1-28 所示，单击"应用"后完成传感器的设置，如图 4-1-29 所示。

4. 虽然传感器已经生成，但是这个传感器与工业机器人 IRB 120 还没有任何关系，必须保证该传感器固定安装在这个位置，就像吸盘工具安装在法兰盘一样才可以实现后期的应用。因此，最后一步极为重要，需要手动拖动传感器 LineSensor 到"IRB120_3_58"机器人处（或者右键单击传感器"安装到"选择"IRB120_3_58"），如图 4-1-30 所示。

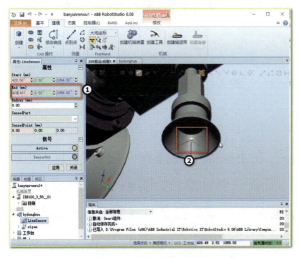

图 4-1-27　"End"中的 X 点

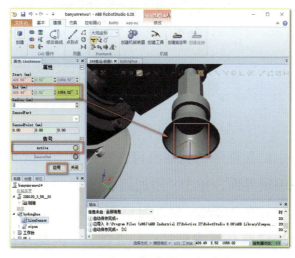

图 4-1-28　"End"中的 Z 点减少 4mm

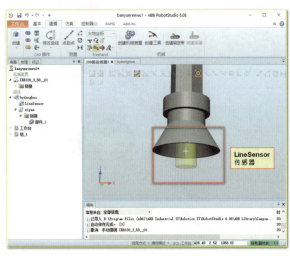

图 4-1-29　LineSensor 传感器

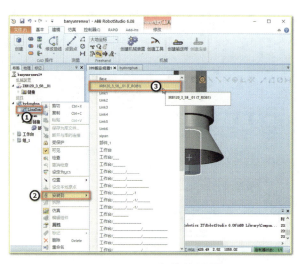

图 4-1-30　安装传感器

5. 安装到 IRB120_3_58，不更新传感器位置，在更新位置对话框中选择"否"，因为此时的位置正好在吸盘应用之处，如图 4-1-31 所示。

6. 最后需要单击基本选项卡下的"手动线性"对吸盘进行拖动，验证传感器已经正常安装在吸盘末端，并且能够随吸盘同步运动，如图 4-1-32 所示。

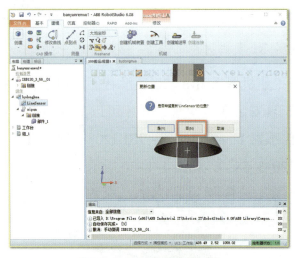

图 4-1-31　不更新位置

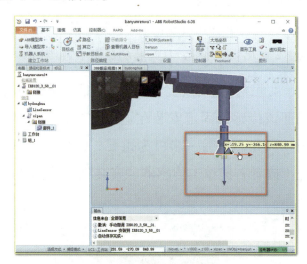

图 4-1-32　验证传感器的安装

三、创建 Attacher 安装对象组件

1. 在资源浏览器窗口，右键单击"bydonghua"在下拉菜单中选择"编辑组件"进入组件编辑界面，单击"添加组件"，选择"Attacher"安装一个对象，如图 4-1-33 所示。

2. 在 Attacher 属性窗口中出现"Parent"表示父对象，即要把安装对象安装到父对象处，此处应该是将物料安装到吸盘上，因此选择"xipan"，"Child"表示安装对象，此处安装对象是四个相同的正方形物料，由于搬运过程不能确定是哪一块物料，因此无法确定，此处默认不填写即可，如图 4-1-34 所示。

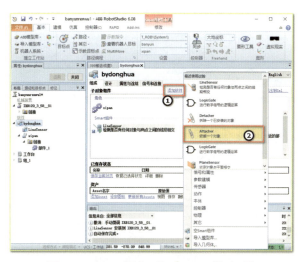

图 4-1-33　添加"Attacher"组件

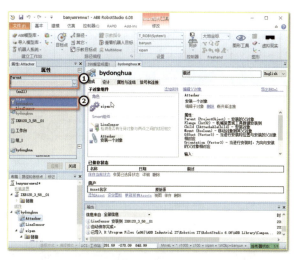

图 4-1-34　设置"Attacher"组件属性

四、创建 Dettacher

1. 在资源浏览器窗口，右键单击"bydonghua"在下拉菜单中选择"编辑组件"进入组件编辑界面，单击"添加组件"，选择"Detacher"拆除一个对象，如图 4-1-35 所示。

2. 在 Detacher 属性窗口中出现"Child"表示安装对象与"Attacher"中的"Child"是相同的对象，属于不确定对象，因此此处也默认空缺即可，但是"KeepPosition"是要求安装对象能够保持独立空间位置，此处必须勾选，然后单击"应用"即可完成属性的设置，如图 4-1-36 所示。

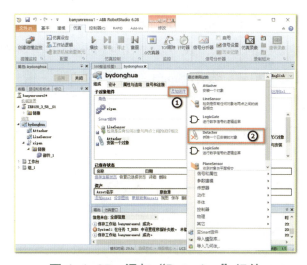

图 4-1-35　添加"Detacher"组件

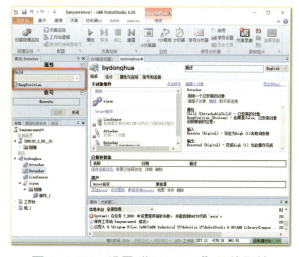

图 4-1-36　设置"Detacher"组件属性

五、创建逻辑门信号

1. 在资源浏览器窗口，右键单击"bydonghua"在下拉菜单中选择"编辑组件"进入组件编辑界面，单击"添加组件"，选择"LogicGate"数字信号的逻辑运算，如图 4-1-37 所示。

2. 在 LogicGate 属性窗口中的"Operator"中进行选择逻辑运算的方式，此处单击下拉菜单选择"NOT"逻辑非门，单击"应用"完成逻辑属性设置，如图 4-1-38 所示。

图 4-1-37　添加"LogicGate"组件

图 4-1-38　设置"LogicGate"组件属性

> ※ **提醒**：设置完成后如果在资源浏览器窗口中没有发现"LogicGate"，在 Smart 组件属性窗口中单击"LogicGate"右键，勾选"在浏览器中显示"即可。

六、工作站逻辑设计

工作站逻辑设计主要是完成实际 DQSC 652 信号板内部信号与 Smart 组件信号之间的连接，类似于两个 PLC 的 I/O 通信，其中工业机器人"System1"为主站，Smart 组件"bydonghua"为从站，二者之间进行通信的设置。

1. 在"仿真"选项卡下单击"工作站逻辑"，在 Smart 组件属性窗口单击"设计"，再单击"System1"下拉菜单，选择已经配置好的 I/O 信号"xi""jh"，如图 4-1-39 所示。

2. 在图 4-1-40 中，单击"bydonghua"I/O 信号处的加号，在"添加 I/O Signals"窗口中将信号类型设置为"DigitalInput"，信号名称设置为"s_xi"表示 Smart 组件侧的"吸"信号，如图 4-1-41 所示。

3. 使用同样的方法，设置 Smart 侧的激活信号"s_jh"，注意这里"s_xi""s_jh"两个信号的初始信号值均为"0"，如图 4-1-42 所示。

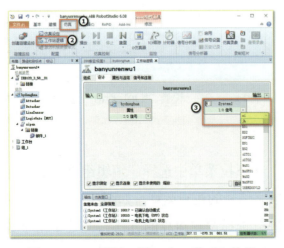

图 4-1-39　添加"System1"I/O 信号

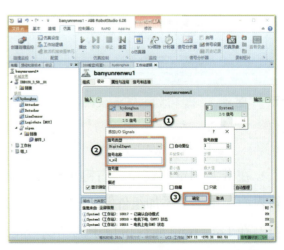

图 4-1-40　设置"LogicGate"组件属性

图 4-1-41　完成后的 I/O 信号

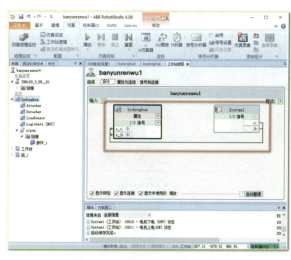
图 4-1-42　连接两侧信号

4. 设置完毕两侧信号后需要进行信号的连接或通信，此处将鼠标箭头放置在任意信号处可看到鼠标箭头变换成一只可以画图的笔，使用这支笔来绘制连接线，此处需要将两侧的"xi"与"s_xi""jh"与"s_jh"分别进行连接，如图 4-1-43 所示。

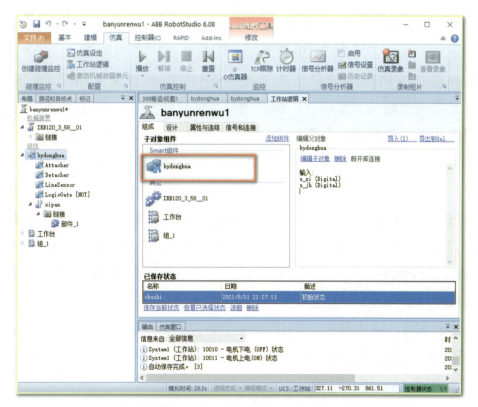
图 4-1-43　Smart 组件"bydonghua"

七、Smart 组件之间的逻辑设计

Smart 组件之间的逻辑设计主要是完成不同组件之间的逻辑关系设计，此处包括"LineSensor""Attacher""Detacher""LogicGate"四个组件之间，以及与 Smart 组件系统"bydonghua"信号之间的逻辑设计。类似于针对从站内部的 PLC 与之连接的传感器之间的逻辑设计。

1. 在编辑组件窗口中双击 Smart 组件"bydonghua"进入 Smart 组件逻辑设计界面，单击"设计"，可以看到要进行逻辑设计的各个 Smart 组件属性，使用"自动整理"进行重新布局，如图 4-1-44 所示。

图 4-1-44　设置"LogicGate"组件属性

2. 在 Smart 组件逻辑设计窗口，先连接 Smart 侧传感器激活信号"s_jh"与传感器"LineSensor"的激活使能端"Active"，激活信号为"1"时激活了传感器的"Active"信号，传感器进行检测并将检测到的物料信号进行传送，如图 4-1-45（a）所示。

3. 连接"LineSensor"的传感器检测到物料"SensedPart"与安装对象"Attacher"的子对象"Child"，比如传感器检测到第一块正方形，则这块正方形就会被当作安装对象安装到"Attacher"的父对象"xipan"上，也就完成了物料提取的动作，如图 4-1-45（b）所示。

4. 连接"LineSensor"的传感器检测到物料"SensedPart"与拆除对象"Detacher"的子对象"Child"，比如传感器检测到第一块正方形，则这块正方形就会被当作安装对象从"Attacher"的父对象"xipan"上拆除掉，也就完成了物料放料的动作，如图 4-1-45（c）所示。

5. 连接 Smart 侧吸盘输出信号"s_xi"与安装对象"Attacher"的执行使能端"Execute"，吸盘输出信号为"1"则代表"System1"侧的"RAPID"程序中该信号被置位为"1"，可以执行取料动作，如图 4-1-45（d）所示。

6. 连接 Smart 侧吸盘输出信号"s_xi"与逻辑非门信号"LogicGate［NOT］"的输入端"InputA"，当"s_xi"信号为"0"时，通过逻辑非运算在"LogicGate［NOT］"的输出端——"Output"端输出信号为"1"，用此来置位拆除对象"Detacher"的执行使能端"Execute"，比如正方形物料就会从"Attacher"的父对象"xipan"上拆除掉，就完成了物料放料的动作，如图 4-1-45（e）所示。通过仿真，将"s_jh""s_xi"置位，看到组件逻辑设计成功，如图 4-1-45（f）所示。

124

项目四 搬运工作站仿真与实操

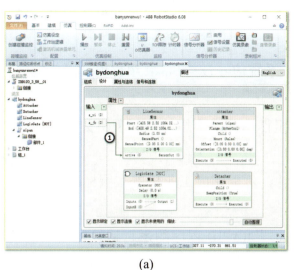

(a)　　　　　　　　　　　　　　　　(b)

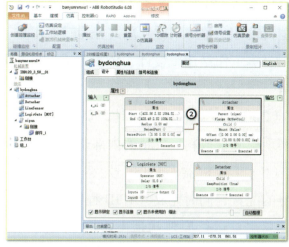

(c)　　　　　　　　　　　　　　　　(d)

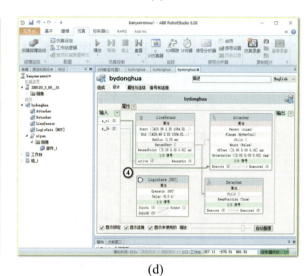

(e)　　　　　　　　　　　　　　　　(f)

图 4-1-45　Smart 组件逻辑设计

（a）"s_jh"与"LineSensor"；（b）"LineSensor"与"Attacher"的"Child"；
（c）"LineSensor"与"Detacher"的"Child"；（d）"s_xi"与"Attacher"的"Execute"；
（e）"s_xi"与"LogicGate［NOT］"；（f）验证 Smart 组件效果

125

从Smart组件创建到各个组件的添加、属性的设置，再到两侧信号的设置都是为了后续的逻辑设计，整体来看，总共分为三大部分。

（1）工作站逻辑设计，负责完成实际机器人系统信号板与Smart组件侧动画使能信号的通信。

（2）Smart组件逻辑设计，负责完成Smart组件内部多个组件之间逻辑关系的建立，从而实现检测、取料、放料的内部逻辑关系。

（3）工业机器人I/O信号及RAPID程序设计，负责完成工业机器人侧标准I/O板及I/O信号的配置，同时完成RAPID程序的编写。

总之，运行原理就是工业机器人侧"System1"RAPID程序的逻辑运算输出控制信号，通过工作站逻辑将所输出信号传输至Smart组件，驱使Smart组件通过内部逻辑关系实现相应的动画效果。同时，也会将Smart组件动画过程中的检测反馈信号反馈到"System1"之中，形成闭环，其运行原理框图如图4-1-46所示。

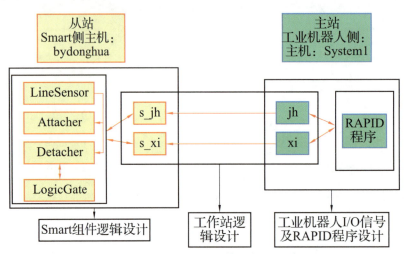

图4-1-46　Smart组件运行原理框图

4.1.5　正方形物料搬运编程与调试

正方形物料的搬运可以有多种编程方法，在这里介绍两种方法，对于初学者可以直接使用最基础的线性指令MoveL和关节指令MoveJ即可完成搬运过程的运动轨迹，但是，这种方法需要示教1个初始位置点、8个搬运位置点，相对而言工作量较大。在这个基础方法之上，推荐使用第二种方法，加入偏移指令Offs，使用这个指令可以减少大量的示教工作。此任务使用这种方法，但为初学者更好地理解仅替代部分示教点。

一、搭建程序框架

1.在确认工件坐标为"banyun"、工具坐标为"xipan"之后，在"基本"选项卡下单击"路径"下拉菜单选择"空路径"，如图4-1-47所示。

2.使用步骤1方法创建三个空路径，分别重命名为"main"主程序、"chushihua"初始化子程序、"banyunzfx"搬运正方形物料子程序，完成程序框架的搭建，如图4-1-48所示。

项目四 搬运工作站仿真与实操

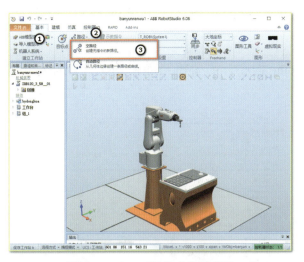

图 4-1-47 创建"空路径"

图 4-1-48 搭建程序框架

3. 在资源浏览器窗口，右键单击"main"在下拉菜单中单击"插入过程调用"，分别勾选"chushihua""banyun"两个子程序，完成主程序调用子程序，相当于在示教器中使用的 ProCall 指令，如图 4-1-49 所示。

二、创建"chushihua"初始化子程序

1. 使用基本选项卡中的"单轴运动""线性运动"（也可以使用示教器中手动操作的对准功能），将工业机器人 IRB 120 调整到初始工作状态，命名这个位置点为"Phome"，如图 4-1-50 所示。

图 4-1-49 调用子程序

2. 在状态栏的命令窗口侧，完成关节指令程序的编写，选择"MoveJ""V300""Z100""xipan""Wobj\:=banyun"，然后右键单击"chushihua"子程序，选择"插入运动指令…"，如图 4-1-51 所示。

图 4-1-50 示教初始工作点

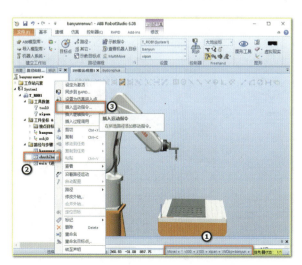

图 4-1-51 编写"chushihua"程序

127

3. 在创建运动指令窗口，单击"添加""点 1"，修改位置名称为"Phome"，选择"创建"，如图 4-1-52 所示。

4. 右键单击"chushihua"子程序的 MoveJ Phome 程序，需要将当前初始工作点保存下来，因此，单击"修改位置"，如图 4-1-53 所示。

图 4-1-52 创建"Phome"运动指令

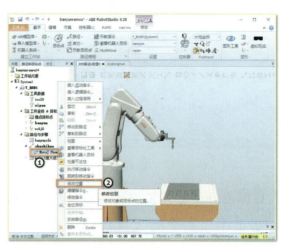

图 4-1-53 修改 Phome 位置

5. 由于后续要用到两个数字输出信号"jh""xi"，在初始化过程中必须将以上两个信号进行复位清零，右键单击"chushihua"选择"插入逻辑指令..."，如图 4-1-54 所示。

6. 在插入逻辑指令窗口的"指令模板"下拉菜单中选择"Reset"指令，在"Signal"中分别选择"jh""xi"两个信号，其含义是在初始化子程序将两个数字输出信号复位清零，以便后续程序的使用，如图 4-1-55 所示，然后调整该子程序的顺序，如图 4-1-56 所示。

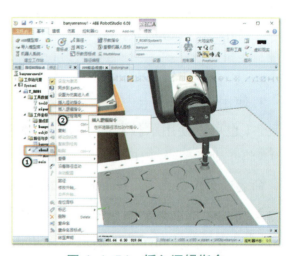

图 4-1-54 插入逻辑指令

图 4-1-55 插入 Reset 指令

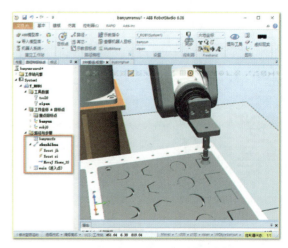

图 4-1-56 初始化子程序

三、创建"banyun"搬运子程序

1. 使用"线性运动""捕捉中心"将吸盘调整到正方形物料取料点"p10",如图 4-1-57 所示。

2. 在状态栏的命令窗口侧,完成关节指令程序的编写,选择"MoveL""v150""fine""xipan""Wobj\:=banyun",然后在"创建运动指令"窗口完成"p10"点的添加和创建,如图 4-1-58 所示。

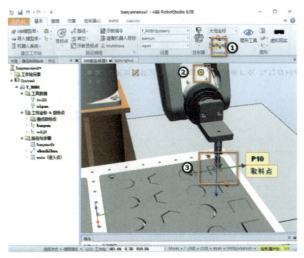

图 4-1-57 示教 P10 点

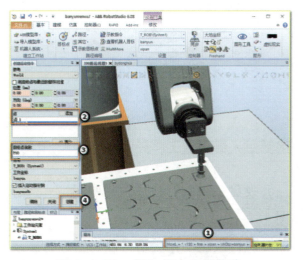

图 4-1-58 插入 P10 运动指令

3. 在"创建运动指令"窗口,单击"添加""点 1",修改名称为"p10",然后"创建"即可,如图 4-1-59 所示。

4. 右键单击"banyunzfx"子程序的"MoveJ p10"程序,需要将当前工作点 p10 保存下来,因此,单击"修改位置",如图 4-1-60 所示。

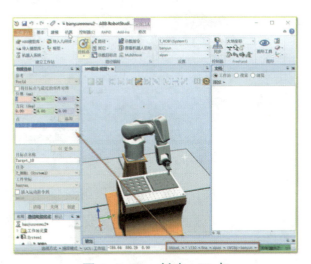

图 4-1-59 创建 p10 点

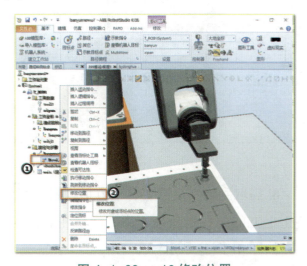

图 4-1-60 p10 修改位置

5. 打开控制器选项卡,在资源浏览器窗口双击子程序"banyunzfx"进入 RAPID 程序编辑界面,在程序编辑窗口复制"MoveL p10, v150, fine, xipan\WObj:=banyun;"到第一行,加入偏移指令,改为"MoveJ offs(p10, 0, 0, 20), v150, fine, xipan\WObj:=banyun;"其

含义是到达 p10 之前，先执行关节指令到达 p10 的 Z 轴方向正上方 20 mm 处，再执行线性指令到达 p10，如图 4-1-61 所示。

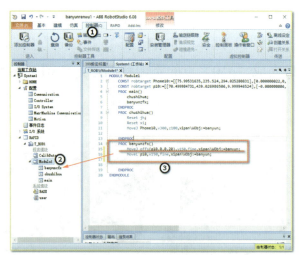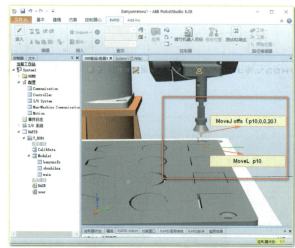

图 4-1-61　偏移指令

6. 吸盘接触到物料后，将吸盘"xi"输出信号置位，即"SetDo xi，1"，执行提取物料，如图 4-1-62 所示。

7. 执行吸盘动作后不可以马上进行搬运，需要等待 1 s 待吸盘内真空，"WaitTime 1"稳定搬运后执行后续程序，如图 4-1-63 所示。

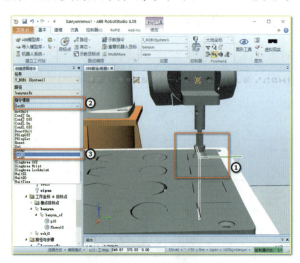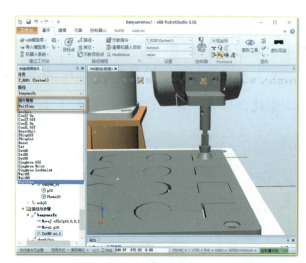

图 4-1-62　SetDo xi　　　　　　　　图 4-1-63　WaitTime 指令

8. 提取到物料后需要将正方形物料垂直向上搬运后再继续，因此此处可以继续使用该物料正上方的偏移指令处程序，但请注意此时需要将关节指令改为线性指令，保证垂直向移动，如图 4-1-64 所示。

9. 此时为后续调试程序更为精准和方便，需要将物料块吸附到吸盘处，因此需要运行当前程序，该过程的步骤可以归纳为：同步程序到 RAPID→仿真播放→打开 I/O 仿真器→将系统选择到 Smart 组件"bydonghua"→手动置位"s_jh""s_xi"信号→右键单击"MoveL Offs（p10，0，0，20）"执行移动指令→工业机器人运动到位，如图 4-1-65 所示。

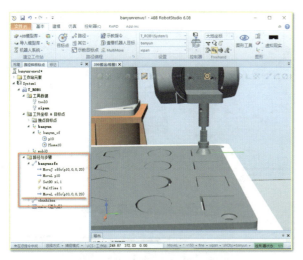
图 4-1-64 添加偏移指令

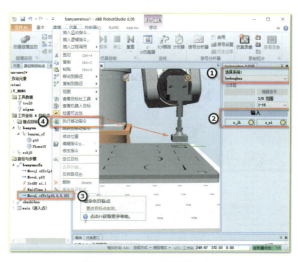
图 4-1-65 仿真调试

10. 单击基本选项卡下的"线性运动",将正方形物料拖拽到放料处,命名该点为"p20",如图 4-1-66 所示,然后设置好状态栏线性运动指令后,右键单击"bydonghua"子程序,插入运动指令"MoveL p20,v150,fine,xipan\WObj:=banyun;",并进行修改位置保存p20 点的数据,如图 4-1-67 所示。

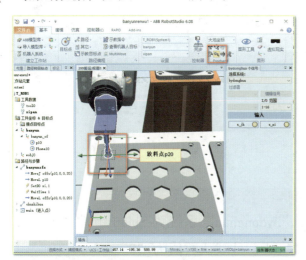
图 4-1-66 示教 p20

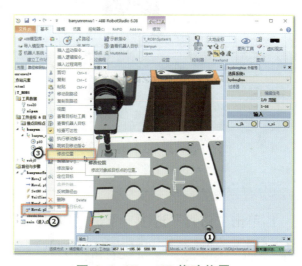
图 4-1-67 p20 修改位置

11. 到达 p20 后需要复位"xi"吸盘输出信号,将物料放下,因此需要插入逻辑指令"Reset",在"Signal"下拉菜单中选择"xi"信号,完成 Reset xi 编程,如图 4-1-68 所示。

12. 复位"xi"信号后不可以马上离开,需要等待 1 s,因此在此处再插入等待指令"WaitTime"指令,在"Time"时间设定中设置为"1",如图 4-1-69 所示。

13. 放下物料后需要移动到 p20 的正上方 20 mm 处,此处需要提醒的是,搬运物料到p20 时不可以直接放置在 p20 上,也需要增加一条 p20 正上方的指令,然后将这条指令复制粘贴到"WaitTime 1"语句下方,不创建目标点即可,如图 4-1-70 所示。在图 4-1-71 中可以看到搬运一块正方形物料的程序,后续三块正方形物料的搬运需要读者尝试开发。

131

图 4-1-68　Reset xi

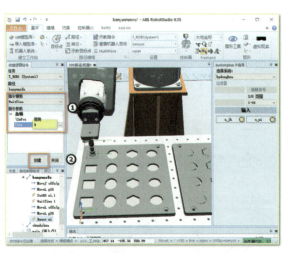

图 4-1-69　WaitTime 指令

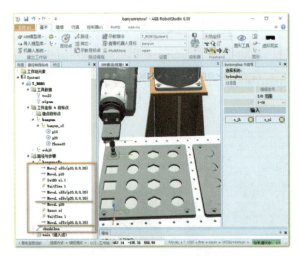

图 4-1-70　插入偏移指令

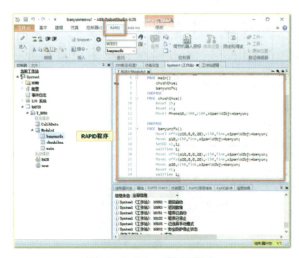

图 4-1-71　搬运程序

四、调试仿真

1. 单击"仿真"选项卡下的"I/O 仿真器","bydonghua"系统为 Smart 组件系统,如图 4-1-72 所示,图 4-1-73 中有两个信号"s_jh""s_xi",且默认数值为"0"。

图 4-1-72　"bydonghua"系统

图 4-1-73　输出信号

2. 单击仿真选项卡下的"播放",将信号"s_jh"置位 1,则可以看到正常的搬运效果,如图 4-1-74 所示。

3. 如果需要单击"播放"直接运行搬运效果,需要在"banyunzfx"子程序开始处将"jh"信号置位,即"SetDo jh,1",如图 4-1-75 所示。

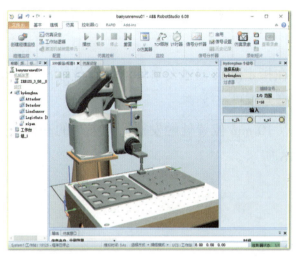
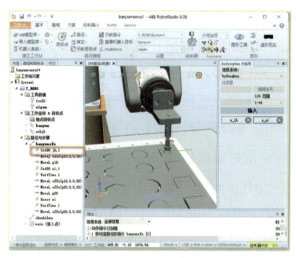

图 4-1-74　手动置位"s_jh"　　　　　　图 4-1-75　"SetDo jh,1"

4. 参考程序如表 4-1-3 所示。

表 4-1-3　参考程序

参考程序（不包含位置信息）	笔　记
PROC main ( ) 　　chushihua; 　　banyunzfx; ENDPROC PROC chushihua ( ) 　　Reset jh; 　　Reset xi; 　　MoveJ Phome10, v300, z100, xipan\WObj:=banyun; ENDPROC PROC banyunzfx ( ) 　　SetDO jh, 1; 　　MoveJ offs (p10, 0, 0, 20), v150, fine, xipan\WObj:=banyun; 　　MoveL p10, v150, fine, xipan\WObj:=banyun; 　　SetDO xi, 1; 　　WaitTime 1; 　　MoveL offs (p10, 0, 0, 20), v150, fine, xipan\WObj:=banyun; 　　MoveL offs (p20, 0, 0, 20), v150, fine, xipan\WObj:=banyun; 　　MoveL p20, v150, fine, xipan\WObj:=banyun; 　　Reset xi; 　　WaitTime 1; 　　MoveL offs (p20, 0, 0, 20), v150, fine, xipan\WObj:=banyun; ENDPROC	

知识拓展

4.1.6 利用动作触发指令优化节拍

在搬运过程中,为了提高节拍时间,在控制吸盘夹具动作过程中,吸取物品时需要提前打开真空,在放置物品时也需要提前释放真空。为了能够准确地触发吸盘夹具动作,通常采用动作触发指令 TriggL 来实现控制。

动作触发指令 TriggL 是在线性运动过程中,在指定的位置触发事件,如置位输出信号和激活中断等。动作触发指令可以定义多种类型的触发事件。

例:编写触发装置动作程序,要求在距离终点 10 mm 位置处触发机器人夹具的动作,触发数字信号输出信号 xipan,触发动作如图 4-1-76 所示。

VAR triggdata xipan_ON;

TriggIO xipan_ON, 10 \DOp:=xipan, 1;

MoveJ phome, v1000, z50, tool1;

TriggL p10, v500, xipan_ON, z50, tool1;

注释:当工作点(TCP)通过位于起点 p10 后 10 mm 处的点时,将 xipan 置为 1。

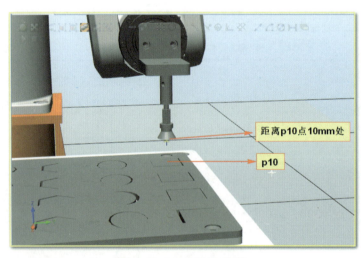

图 4-1-76 优化节拍

任务二 搬运工作站综合仿真与实操

任务描述

搬运工作站综合仿真与实操需要完成搬运的物料包括 4 块正方形、4 块椭圆形、4 块六边形、4 块圆形物料,共计 16 块,而且每块相同形状物料的尺寸相同,任意两物料之间中心点间距相同，工业机器人 IRB120 需要完成从正方形到圆形 16 块物料的取料及放料仿真，并且在录制仿真过程中保存动画界面，如图 4-2-1 所示。

在本任务中，将会使用逻辑性更为复杂的判断指令（WHILE）和赋值指令（:=）进行综合编程，这样可以大大减少示教位置的工作量，并且提高取料、放料点位的准确性。

图 4-2-1　正方形物料搬运工作站

 任务实施

4.2.1　多种物料搬运编程与调试

一、编程环境

多种形状物料的搬运仿真的编程与调试的环境与正方形物料搬运仿真的运行环境是一样的，需要做好 I/O 信号板配置、I/O 信号配置并预留 RAPID 编程端口、Smart 组件属性设置、Smart 组件逻辑设计、工作站逻辑设计等，在此基础之上进行多种形状物料的搬运仿真与调试。编程环境已经搭建完成，本任务只需要完成端口调用和搬运的程序编写、调试。

1. I/O 信号板的参数配置参考表 4-1-1 进行设置，尤其注意"Board10""DSQC 652""Adress=10"几个重要参数的配置，如图 4-2-2 所示。

2. I/O 信号的参数配置参考表 4-1-2 进行设置，包括数字输出信号激活信号"jh"和吸盘信号的"Name""Digital Output""Adress"重要参数的配置，如图 4-2-3 所示。

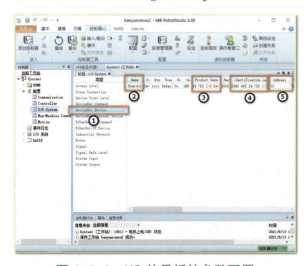

图 4-2-2　I/O 信号板的参数配置

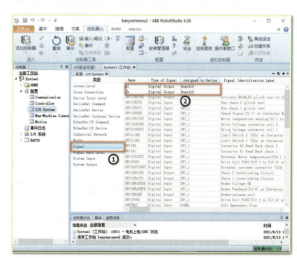

图 4-2-3　I/O 信号的参数配置

3. Smart 组件属性的设置，包括传感器"LineSensor"、安装对象"Attacher"、拆除对象"Detacher"、逻辑组件"LogicGate"重要参数的配置，如图 4-2-4 所示。

4. Smart 组件内部各组件之间逻辑设计，如图 4-2-5 所示。

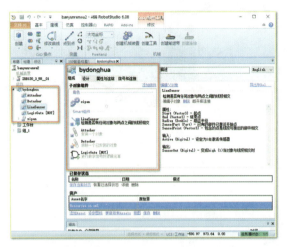

图 4-2-4　Smart 组件属性设置

图 4-2-5　Smart 组件逻辑设计

5. 工作站逻辑设计需要完成 I/O 信号板与 Smart 组件之间的设计，如图 4-2-6 所示。

(a)

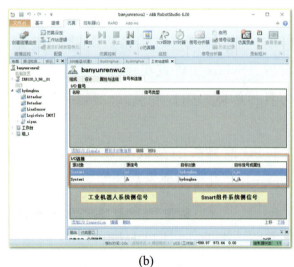

(b)

图 4-2-6　工作站逻辑设计
（a）逻辑关系；（b）I/O 信号匹配

二、编程与调试

全部物料块搬运的编程方法采用条件判断和偏移指令结合起来的综合编程方法，首先定义好图 4-2-7 中所示的行和列，均为数字变量，行为 Var num hang，列为 Var num lie，使用在项目四基础知识中介绍的偏移指令完成各位置数据的计算。

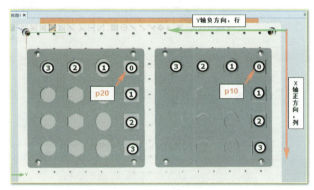

图 4-2-7　物料布局

图 4-2-7 中所示右侧为物料取料位置，左侧为物料放料位置，对于取料区域而言，可以看出从 0 行到 3 行的 X 轴是在正方向以等距 52 mm 递增，可以使用 hang*（52），从 0 列到 3 列的 Y 轴是在负方向以等距 52 mm 递减，可以使用 lie *（-52），以上行列均在行为 0、列为 0 的位置 p10 的基础上进行偏移，详细程序如下。

```
MoveJ Offs (p10, hang * (52), lie * (-52), 0), v200, z50, xipan;
```

对于放料区域而言，X、Y 轴方向和顺序相同，唯一不同的是基准点的变化，放料区域基准点编程了 p20，在 p20 基础之上进行偏移，详细程序如下。

```
MoveJ Offs (p20, hang * (52), lie * (-52), 0), v200, z50, xipan;
```

由于此处为仿真任务，为了实现动画效果必须将 Smart 组件激活，使其能够配合 RAPID 程序进行动作，因此，在进行搬运前必须将数字输出信号 "jh" 置位，以便激活 Smart 传感器使其能够检测到被取物料，从而进行动作，详细程序如下。

```
SetDo jh, 1;
```

与此同时，在初始化程序中将输出信号和数字变量进行清零使用。具体编程步骤如下。

1. 在"基本"选项卡下的"路径"下拉菜单栏中单击"空路径"，创建三个空路径，在资源管理器窗口改名为"main""chushihua""banyunall"，如图 4-2-8 所示。

2. 在资源管理器窗口，右键单击"main"下拉菜单中的"插入过程调用"下勾选"chushihua""banyunall"，如图 4-2-9 所示。

图 4-2-8 创建空路径

图 4-2-9 调用子程序

3. 在 RAPID 选项卡下双击子程序"chushihua"，完成程序的编写及初始位置 PHome 点的示教与保存，如图 4-2-10、图 4-2-11 所示。

4. 在 RAPID 选项卡下双击子程序"banyunall"，完成程序的编写，如图 4-2-12 所示。p0 为搬运准备点，如图 4-2-13 所示，这里 p10 和 p20 两个基准点未进行示教保存位置数据。

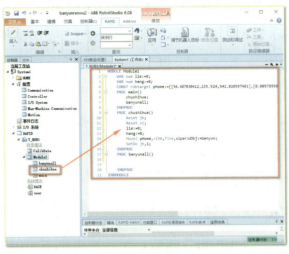
图 4-2-10 "chushihua" 程序

图 4-2-11 pHome 位置

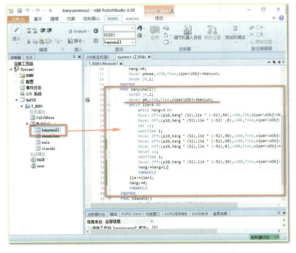
图 4-2-12 "banyunall" 程序

图 4-2-13 p0 准备工作位置

5. 为了示教 p10 和 p20 两个基准点，此处添加一个调试子程序 "tiaoshi"，主程序不对它进行调用，只是起到示教目标点的用处，同时，插入两个关节运动指令（MoveJ），并且修改保存 p10、p20 位置数据，如图 4-2-14 所示。

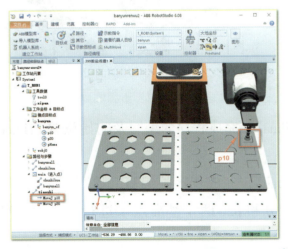
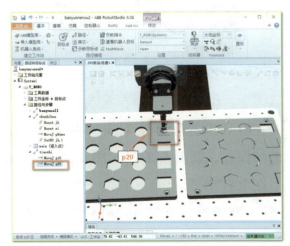
图 4-2-14 基准点位置数据

6. 同步程序和数据后单击仿真选卡下的"播放",可以看到程序的运行情况,搬运完成前后对比,如图4-2-15所示。

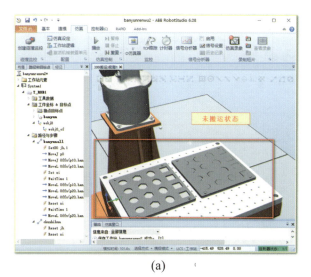
(a)

(b)

图4-2-15 搬运前后对比
(a)未搬运状态;(b)搬运完成状态

※ **切记:** 在RAPID窗口编辑完成的程序一定及时进行同步到工作站之中,在工作站中进行示教完成的位置数据也要及时同步到RAPID程序之中,这样才能保证二者在调试程序过程中能够数据同步,保证更好地完成调试效果,如图4-2-16、图4-2-17所示。

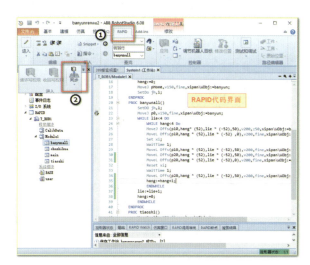

图4-2-16 RAPID代码界面

图4-2-17 工作站界面

7. 参考程序如表 4-2-1 所示。

表 4-2-1　参考程序

参考程序（不包含位置信息）
| ```
PROC main ( )
      chushihua;
      banyunall;
ENDPROC
PROC chushihua ( )
      Reset jh;
      Reset xi;
      lie:=0;
      hang:=0;
      MoveJ pHome, v150, fine, xipan\WObj:=banyun;
      SetDo jh, 1;
ENDPROC
PROC banyunall ( )
      SetDO jh, 1;
      MoveJ p0, v150, fine, xipan\WObj:=banyun;
      WHILE lie<4 DO
          WHILE hang<4 Do
MoveJ Offs (p10, hang* (52), lie * (-52), 50), v200, z50, xipan\WObj:=banyun;
      MoveL Offs (p10, hang * (52), lie * (-52), 0), v200, fine, xipan\WObj:=banyun;
      Set xi;
      WaitTime 1;
      MoveL Offs (p10, hang * (52), lie * (-52), 50), v200, fine, xipan\WObj:=banyun;
      MoveL Offs (p20, hang * (52), lie * (-52), 50), v200, fine, xipan\WObj:=banyun;
      MoveL Offs (p20, hang * (52), lie * (-52), 0), v200, fine, xipan\WObj:=banyun;
      Reset xi;
      WaitTime 1;
      MoveL Offs (p20, hang * (52), lie * (-52), 50), v200, fine, xipan\WObj:=banyun;
          hang:=hang+1;
          ENDWHILE
      lie:=lie+1;
      hang:=0;
      ENDWHILE
ENDPROC
PROC tiaoshi ( )
      MoveJ p10, v150, fine, xipan\WObj:=banyun;
      MoveJ p20, v150, fine, xipan\WObj:=banyun;
ENDPROC
``` |
```

4.2.2 录制屏幕及保存工作站画面

一、录制屏幕

1. 在"仿真"选项卡中单击"仿真录像",将下一个仿真录制为一段视频。当您在仿真选项卡中单击"Play(播放)"时,将开始仿真录像。当完成时,单击"Stop Recording(停止录像)",如图4-2-18所示。

图 4-2-18　仿真录像

2. 仿真录像将保存在默认的地址,您可以在输出窗口查看该地址,如果需要更改录像地址,单击"文件"选项卡下的"共享",在"选项"窗口中单击"屏幕录像机"就可以看到图4-2-19所示的录像文件地址及录像文件的格式。

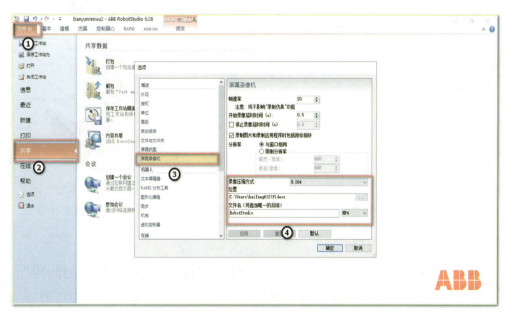

图 4-2-19　录像文件地址及格式

3. 单击"查看录像",就可以观看刚刚录制的视频,如图4-2-20所示。

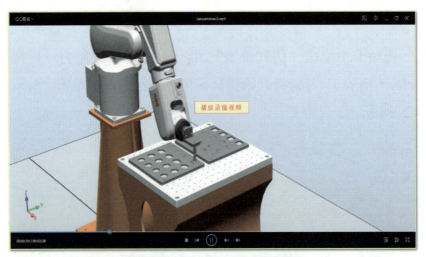

图4-2-20　播放录像视频

二、保存工作站画面

工作站画面保存为可执行文件（.exe）格式,方便在没有安装RobotStudio的计算机上运行和展示,有两种方案可以完成工作站画面的制作。

第一种方案,可制作,不可播放。

在"文件"选项卡中单击"共享",选择"保存工作站画面",如图4-2-21所示。这种方案所生成的工作站画面只能观看工作站,不能看到所完成工作站的动作画面,无法进行仿真播放,如图4-2-22所示。

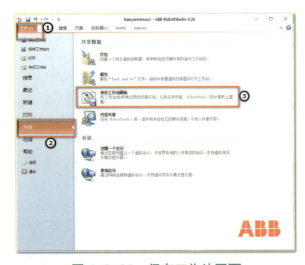

图4-2-21　保存工作站画面

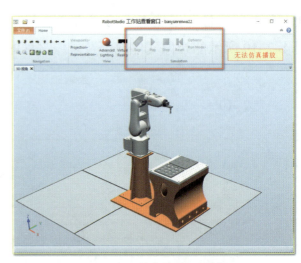

图4-2-22　画面文件格式

第二种方案,可制作,可播放。

1. 在"仿真"选项卡中单击"仿真设定"将虚拟时间模式设置为"时间段",勾选包括Smart组件"bydonghua",以及工业机器人系统System1所有选项,进行程序及动画的全部仿真,如图4-2-23所示。

2. 在"仿真"选项卡下单击"播放"下拉菜单中的"录制视图",在工作站视图开始录像和仿真,在运行模式设定仿真"单周期",待运行完一个周期之后会自动停止,并且生成工作站动作画面,此处保存为"banyunrenwu2.exe"可执行文件,如图4-2-24所示。

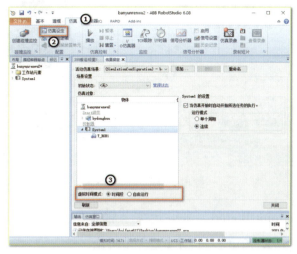

图 4-2-23　保存工作站画面

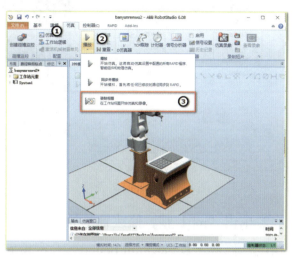

图 4-2-24　画面文件格式

3. 这种方案所生成的工作站画面能观看工作站,也能看到所完成工作站的动作画面,进行仿真播放,如图4-2-25所示。

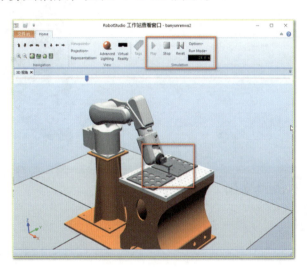
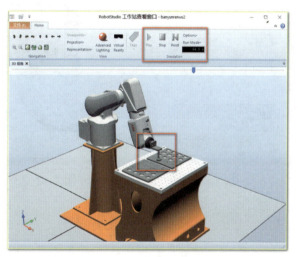

图 4-2-25　工作站画面播放

知识拓展

4.2.3　关节运动范围的设定

在工业机器人的运动过程中,为保证安全性,对机器人各轴的运动范围进行设定。

1. 在示教器上单击下拉菜单,选择"控制面板""配置系统参数""主题",选择"Motion",如图4-2-26所示,在"Motion"中单击"Arm",如图4-2-27所示。

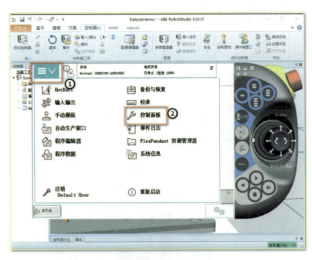

图 4-2-26　控制面板

图 4-2-27　Motion

2. 单击"rob1_1"，修改轴 1 的范围，"Upper Joint Bound"来设定关节轴 1 的正向最大转动角度，修改"Lower Joint Bound"设定负向最大转动角度，如图 4-2-28 所示。

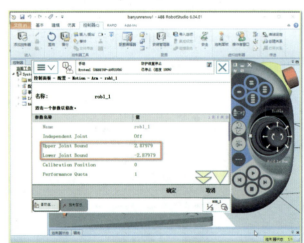

图 4-2-28　修改轴 1 范围

项目五

RobotStudio在线应用

RobotStudio 的在线应用是指将 PC 端的 RobotStudio 软件通过网线与工业机器人控制柜连接，实现在线对工业机器人进行监控、设置、编程和管理。

本项目包括 RobotStudio 与控制器的连接、在线修改 RAPID 程序及文件传送，通过不同任务的学习能够掌握在二者连接过程中如何设置 PC 端的 IP 地址、如何在线修改 RAPID 程序、如何在线传送文件、如何在线监控等知识，本项目整体结构如图 5-0-1 所示。

图 5-0-1　RobotStudio 在线应用

学习目标

1. 请求写权限。
2. RobotStudio 与控制柜的连接。
3. 在线监控功能及账户创建。
4. 掌握通过写权限操作在线修改 RAPID 程序的方法。
5. 掌握账户创建的方法。
6. 锻炼学生的自学能力，能够根据网络资源和书籍完成部分内容的学习。

知识准备

RobotStudio 在线应用主要可以完成仿真软件 RobotStudio 与真实工业机器人连接后的程序传送、系统备份等功能，但是不同用户有不同的权限，进行在线调试过程中必须首先了解自身所拥有的权限，否则无法进行对应功能的使用，本项目的知识准备如图 5-0-2 所示。

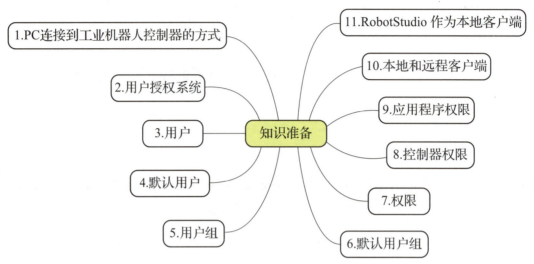

图 5-0-2　RobotStudio 在线应用知识准备

1. PC 连接到工业机器人控制器的方式

通常将 PC 以物理方式连接到控制器有两种方法，连接到服务端口或连接到工厂的网络端口。

（1）服务端口

服务端口旨在供维修工程师及程序员直接使用 PC 连接到控制器。服务端口配置了一个固定 IP 地址，此地址在所有的控制器上都是相同的，且不可修改，另外应该有一个 DHCP 服务器自动分配 IP 地址给连接的 PC。

（2）工厂的网络端口

工厂的网络端口用于将控制器连接到网络。网络设置可以使用任何 IP 地址配置，这通常是由网络管理员提供的。

DSQC 1000 主计算机共有 11 个端口，通过这 11 个端口与控制柜内部、外部通信，其中 LAN 和 WAN 端口实物图如图 5-0-3 所示。

2. 用户授权系统

本节介绍了控制器用户授权系统（UAS），该系统规定了不同用户对机器人的操作权限。该系统能避免控制器功能和数据的未授权使用。

图 5-0-3　DSQC 1000 主计算机实物图

3. 用户

用户授权由控制器管理，这意味着无论运行哪个系统控制器都可以保留 UAS 设置，也意味着 UAS 设置可应用于所有与控制器通信的工具，如 RobotStudio 或 FlexPendant。UAS 设置定义可访问控制器的用户和组，以及他们授予访问的动作。

4. 默认用户

UAS 用户是人员登录控制器所使用的账户。此外，可将这些用户添加到授权他们访问的组中。每个用户都有用户名和密码。要登录控制器，每个用户需要输入已定义的用户名和正确的密码。

在用户授权系统中，用户可以是激活或锁定状态。若用户账号被锁定，则用户不能使用该账号登录控制器。UAS 管理员可以设置用户状态为激活或锁定。

所有控制器都有一个默认的用户名 Default User 和一个公开的密码 robotics。Default User 无法删除，且该密码无法更改。但拥有管理 UAS 设置权限的用户可修改控制器授权和 Default User 的应用程序授权。

5. 用户组

在用户授权系统中，根据不同的用户权限可以定义一系列登录控制器用户组。可以根据用户组的权限定义，向用户组中添加新的用户。

比较好的做法是根据使用不同工作人员对机器人的不同操作情况进行分组。例如，可以创建管理员用户组、程序员用户组和操作员用户组。

6. 默认用户组

所有的控制器都会定义默认用户组，该组用户拥有所有的权限。该用户组不可以被移除，但拥有管理用户授权系统的用户可以对默认用户组进行修改。

7. 权限

权限是对用户可执行的操作和可获得数据的许可。可以定义拥有不同权限的用户组，然后向相应的用户组内添加用户账号。

8. 控制器权限

控制器权限对机器人控制器有效，并适用于所有访问控制器的工具和设备。

9. 应用程序权限

针对某个特殊应用程序（例如 FlexPendant）可以定义应用程序权限，仅在使用该应用程序时有效。应用程序权限可以使用插件添加，也可以针对用户定义的应用程序进行定义。

10. 本地和远程客户端

RobotStudio 通常用作控制器的远程客户端，连接到控制器上的 FlexPendant 连接器的设备用作本地客户端。与本地客户端相比，当控制器处于手动模式时，远程客户端的权限受限。例如，远程客户端不能启动程序执行或设置程序指针。

11. RobotStudio 作为本地客户端

RobotStudio 用作本地客户端，从而在手动模式中可以完全访问控制器功能而没有限制。当在 Add controller（添加控制器）对话框中或在 Login（登录）对话框中选择 local client（本地客户端）复选框时，可以通过按安全设备 0 上的使动开关获得本地客户端权限。

任务一　RobotStudio 与控制器的连接

任务描述

通过网线可以实现 RobotStudio 与工业机器人控制器的连接，可以实现在线对工业机器人进行监控、设置、编程和管理。首先完成 RobotStudio 与真实工业机器人控制器的在线连接，进行网线实际连接和 PC 端 IP 地址的设置，然后完成 RobotStudio 与控制器的连接。

任务实施

1. 网线一端需连接到计算机的网线端口，另一端连接到控制器的 SERVICE 端口。因为 IRC5 的控制柜分紧凑型和标准型，不同类型控制柜 SERVICE 端口位置可能不一样，具体按照实际情况进行连接。

2. 计算机 IP 设置，把计算机的 IP 地址的获取方式设置为"自动获得 IP 地址"，具体可以参考如下步骤：单击"控制面板"→"网络和 Internet"→"网络和共享中心"→"更改适配器设置"→右击"以太网"→更改"Internet 协议版本 4（TCP/IPv4）"→选择"自动获得 IP 地址"和"自动获得 DNS 服务器地址"，如图 5-1-1 所示。

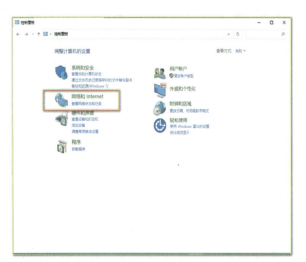 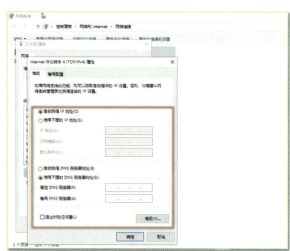

图 5-1-1　计算机 IP 设置

需要注意的是，如果使用固定 IP 地址，其必须与控制器 IP 地址处于同一网段且不能相同，否则无法成功连接。ABB 工业机器人服务端口的 IP 地址为 192.168.100.1，所以 PC 的 IP 地址可用范围是 192.168.100.（2~255）。

3. 连接控制器，准备工作做好后，打开 RobotStudio 软件，进入"控制器"选项卡，展开"添加控制器"下三角图标，单击"一键连接..."，就可以将软件和机器人连接在一起了，如图 5-1-2 所示。

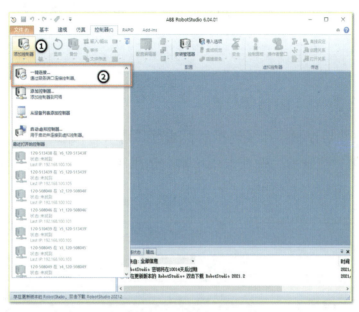

图 5-1-2　一键连接控制器

4. 连接控制器，通过图 5-1-2 的一键连接控制器，进入可用控制器的选择界面，选择需要连接的控制器，单击"确定"即可进行连接。成功连接后，"控制器"选项卡会显示所连接控制器的相关信息，如图 5-1-3 所示。

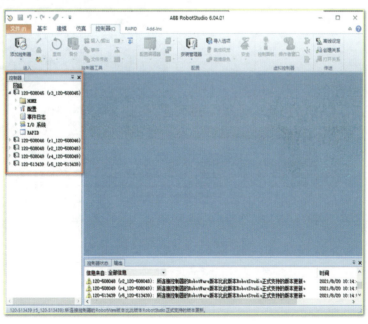

图 5-1-3　成功连接

任务二　在线修改 RAPID 程序及文件传送

 任务描述

RobotStudio 软件与控制器在线连接后，可以在线对工业机器人控制器内部程序进行修改、调试、系统备份、恢复系统备份、I/O 板卡及相关信号的创建、文件的传送。

 任务实施

5.2.1　在线修改 RAPID 程序

1. RobotStudio 软件与控制器在线连接后，通过"请求写权限"授权后可实现在线修改机器人 RAPID 程序。在"控制器"选项卡中单击"请求写权限"，如图 5-2-1 所示。在示教器上单击"同意"即可完成授权，如图 5-2-2 所示。

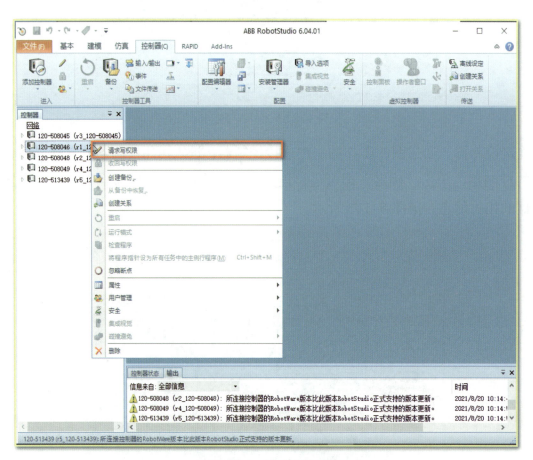

图 5-2-1　请求写权限

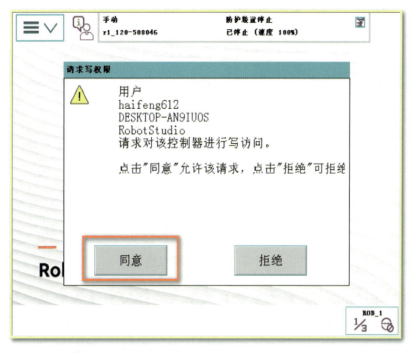

图 5-2-2 示教器上"同意"

2. 权限授权后，可以对控制器内 RAPID、任务 T_ROB1、程序模块 Module1 进行修改，通过 RAPID 编辑器在线对机器人 RAPID 程序进行修改，程序修改完成后单击"全部应用"进行更新，如图 5-2-3 所示。如果要对写入权限进行收回，可以单击示教器中的"撤回"或 RobotStudio 中的"收回写权限"，如图 5-2-4 所示。

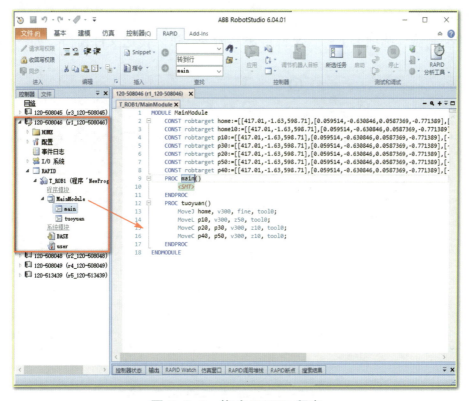

图 5-2-3 修改 RAPID 程序

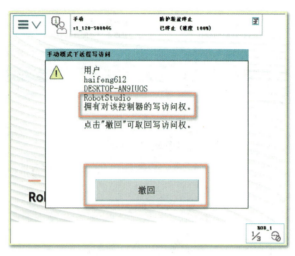

图 5-2-4 撤回权限

※ **注意**：通过 RobotStudio 对工业机器人写入的任何操作都需要进行"请求写权限"授权，除了在线修改 RAPID 程序，还有恢复系统备份、I/O 板卡及相关信号的创建、文件传送等操作。有的操作需要重启后才生效，此时写入权限会自动撤回，如果要重新写入操作，需要进行再次授权。

5.2.2 在线传送文件

在线传送文件，就是把 PC 端的文件传送到控制器或者把控制器文件传送至 PC 端，要进行在线文件传送，前提是进行"请求写权限"授权。一定要清楚被传送的文件的作用，以避免造成系统的故障。

1. 单击"控制器"选项卡下的"文件传送"命令，进入传送文件窗口，如图 5-2-5 所示。

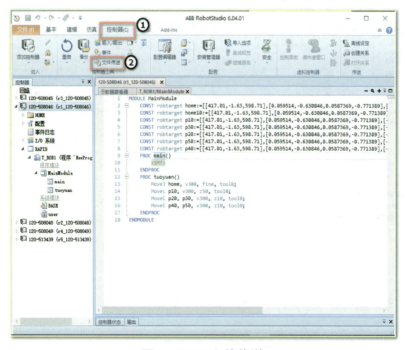

图 5-2-5 文件传送

2. 在"文件传送"窗口，左侧为 PC 资源管理器，右侧为控制器资源管理器，以从 PC 端传送文件到控制器为例，在 PC 端找到需要传送的文件并选中，单击"右箭头"，即可把文件传送至控制器，如图 5-2-6 所示。

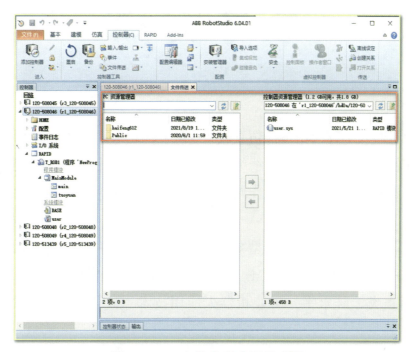

图 5-2-6　文件传送资源管理器

参考文献

[1] 叶晖. 工业机器人工程应用虚拟仿真教程［M］. 北京：机械工业出版社，2013.

[2] 宋云艳，周佩秋. 工业机器人离线编程与仿真［M］. 北京：机械工业出版社，2019.

[3] 蒋正炎，郑秀丽. 工业机器人工作站安装与调试（ABB）［M］. 北京：机械工业出版社，2017.

[4] 管小清. 工业机器人产品包装典型案例精析［M］. 北京：机械工业出版社，2017.

[5] 兰虎. 工业机器人技术及应用［M］. 北京：机械工业出版社，2014.

[6] 汤晓华，蒋正炎，陈永平. 工业机器人应用技术［M］. 北京：高等教育出版社，2010.

[7] 邓三鹏. ABB工业机器人编程与操作［M］. 北京：机械工业出版社，2018.

[8] 张宏立. 工业机器人操作与编程（ABB）［M］. 北京：北京理工大学出版社，2017.

[9] 朱林. 工业机器人仿真与离线编程［M］. 北京：北京理工大学出版社，2017.

[10] 杨玉杰. 工业机器人实操与应用［M］. 北京：北京理工大学出版社，2020.